国家自然科学基金项目（31771735）资助

油菜高光效生产
生理与实践

李　俊　官春云
　　　　　　　　　著
张春雷　官　梅

中国农业出版社
北　京

前言

　　高产是农学家们永恒不懈的追求。影响产量的因素包括基因、光照、温度、肥料、水分、土壤等，这其中，光照是关键但又最容易被忽略的因素之一。作物产量形成的几乎所有环节都离不开光合作用，而且影响产量的其他因素都直接或间接地受光合作用影响。大量研究表明，作物光合作用的潜力目前还没有被挖掘出来，利用光合作用增产的潜力还很大。目前，主要农作物如水稻、麦等的高产品种光能利用率仅为 1.0%～1.5%，而作物理想的光能利用率为 3.0%～5.0%，产量可以再提高 1～2 倍。

　　油菜是产油效率最高的油料作物之一，在我国食用油供给中占有重要地位。菜籽油已经占我国国产油料作物产油量的 55% 以上，是国产食用植物油的第一大来源。但 2010 年以来，我国油菜生产却遇到了"瓶颈"，虽然机械化生产提升了油菜种植效益，但产量水平仍然徘徊不前，比较效益仍然不高，与欧洲、北美等地的油菜生产相比还存在较大差距。因此，如何利用现代科技研究成果提升油菜产业效益是当前许多从事油菜生产、科研等领域专家学者的愿望。

　　农学家 Austin 等（2008）认为，现阶段在生产中各种提高作物产量的措施都已经发挥了作用，只剩下光合作用的增产潜力尚待进一步挖掘。他们的观点得到了当前许多学者的认同。因此，也掀起了一股作物光合作用研究热潮。2006 年以来，我们即开始开展油菜高光效方面的研究和探索，希望通过油菜高光效生理基础、调控机制和栽培措施等方面的研究，从而提高油菜的光能利用率。越来越多的研究结果表明，油菜在光合生产上具有不同于其他作物的特性，在生育前期和生育中期，叶是主要光合器官；在生育后期，油菜产生相当数量的角果，并逐渐替代叶成为主要的光合器官。近年来研究发现，油菜非叶器官中存在明显的 C_4 途径，油菜的这些特性决定了将其光合生理研究作为提高单产的突破口具有非常重要的意义。

　　本书是我国第一部系统介绍油菜光合作用研究成果的专著，将填补我国在此领域的空白。本书共分为十三章，主要从油菜光合特性、油菜光合对外界逆境条件的响应以及油菜光合调控途径等方面系统阐述了油菜光合生理及其在生产中的应用特征。第一章概述了光合作用的相关背景知识；第二章从油菜叶片、角果及其他农艺性状和生理生化指标与光合作用之间的关系分析了影响油菜光合作用的因素；第三章通过分析不同时期育成品种的产量、不同生育期、不同农艺性状与光合特性之间的相关关系分析探讨油菜光合特性对产量的影响；第四章分析了不同光效基因型油菜的叶片和角果在不同生育期、同一生育期不同光照时间以及不同光照强度对光合特性的影响探讨了高光效油菜的光合作用特征；第五章从不同部位叶片和角果的角度分析了高光效油菜的光合生理生化特征；第六至十章分别从光氧化、光促进、干旱、渍害和冻害等方面探讨了油菜光合作用响应特征；第十一章主要分析了群体光合作用与产量之间的关系及其影响因素；第十二章概述了影响光合作用的因素；第十三章介绍了提高光合作用的途径。在内容上，力求系统详尽；在文字表述上，力求通俗简单。部分章节中添加了讨论的内容，希望通过相关研究的介绍和一些讨论，给读者带来一些思考和启迪，为油菜科研、教学、生产等提供指导，为广大油菜科研和推广工作者提供有益参考。在本书编写的过程中，得到了陆光远、肖晓璐、刘丽欣、李玲等同志的大力支持和帮助，在此一并致谢。

　　由于水平有限，书中疏漏之处在所难免，恳请读者批评指正。

著　者

2021 年 1 月

目录

第一章　光合作用简介

　　绿色植物利用太阳的光能，经过光反应和碳反应（旧称暗反应），同化二氧化碳（CO_2）和水（H_2O）制造有机物质并释放氧气的过程，称为光合作用（Photosynthesis）。光合作用所产生的有机物主要是碳水化合物（主要是淀粉），并释放出能量。其涉及的反应式可以表示为：

$$CO_2 + H_2O \xrightarrow{\text{植物、光}} (CH_2O) + O_2$$

　　由此可见，光合作用是一系列复杂的代谢反应的总和，是地球上最为重要的化学反应之一。植物、藻类和蓝细菌进行的放氧型光合作用不仅为生物圈中的生命活动提供赖以生存的物质和能量，同时也是地球碳-氧平衡（即二氧化碳与氧气的平衡）的重要媒介。光合作用的本质是将太阳能转化为 ATP 中活跃的化学能，再转化为有机物中稳定的化学能（图 1-1）。对光合作用机理的研究不仅具有重要的理论意义，而且具有重要的应用价值，通过遗传改良和栽培技术提高品种的光利用效率（高光效），可大幅度提高粮食产量，保障我国粮食安全。

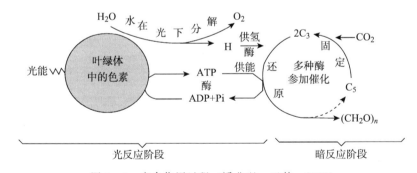

图 1-1　光合作用过程（潘业兴、王帅，2016）

　　植物光合作用的探索已经有两百多年的历史。光合作用是首先在绿色植物中发现的。早在 18 世纪早期，人们对空气的化学成分及其与植物的反应产生浓厚的兴趣。英国科学家哈勒斯（1727）认为植物可以从空气中获得养分，这一推论被证实。而后 Ingen-housz（1794）又证明绿色植物在照明条件下净化过的空气可以保证动物呼吸。Lavoisier 阐明了空气中的氧气（支持燃烧或呼吸）和二氧化碳（呼吸或燃烧的产物）是植物养分的来源。1804 年，DeSaus-sure 指出，在光照下 CO_2 被分解，其中碳与水发生反应并释放氧气。1941 年，Ruben 利用同位素证明上述反应中氧气来源于水而不是二氧化碳。随后，Hill（1939—1940）发现叶绿体是进行光合作用的场所，叶绿体裂解水、释放氧气并还原电子受体的反应被称为希尔反应。1954 年，Arnon 等发现叶绿体在光照条件下能将 ADP 和无机磷（Pi）合成 ATP。1957 年，Arnon 等发现希尔反应可使叶绿体内的辅酶Ⅱ被还原成还原型辅酶Ⅱ。与此同时，Calvin 等（1956）终于确定了光合作用从 CO_2 到糖类形成的全部中间过程，于是提出了光合碳循环——卡尔文循环。Emerson 等（1957）观察到红降现象（在远红光下虽然仍被叶绿素大量吸收，但光合作用的量子产率急剧下降）和双光增益效应（同时照射远红光和红光，则量子产率显著增加），并推测光合作用可能包括两个化学反应，两者相互串联地进行。这一设想后来被证实，叶绿体中确实存在光系统Ⅰ（PSⅠ）和光系统Ⅱ（PSⅡ）两个光合系统。进入 20 世纪 80 年代后，对两个光系统结构与功能的研究获得突破性进展，德国科学家 Deis-enhofer 等（1985）成功地获得了紫色光合细菌光合反应中心的三维空间结构。2001 年，Witt 等又获得更高分辨率（0.25nm）的蓝细菌 PSⅠ的三维晶体图像。高等植物的光系统反应中心的结构更为复杂，在 2001 年，Zouni 等获得了 PSⅡ的高分辨率（0.38nm）的晶体结构。我国科学家报道了豌豆光系统Ⅱ-捕光复合物Ⅱ超级复合物的高分辨率电镜结构，分辨率分别达到 2.7Å 和 3.2Å，该复合物总分子量达到 1 400ku，是一个同源二聚体的超分子体系，从而揭示了植物在弱光条件下进行高效捕光的超分子基础（Li 等，2017）。

第一节　光合作用的场所

一、叶绿体

植物没有动物那样的消化系统，因此必须依靠其他的方式，以获得生长发育必需的养分。对于绿色植物来说，养分获取和能量转化主要发生在内部的叶绿体。叶绿体在阳光的作用下，把经由气孔进入叶子内部的二氧化碳和由根部吸收的水转变成为淀粉等物质，同时释放氧气。也就是说，光能的吸收、传递、转化、水的光解、氧的释放、电子传递和光合磷酸化等功能均在叶绿体内进行，可以说叶绿体是一种特殊的光能转换器。

在高等植物中，叶绿体类似双凸或平凸透镜，直径 $5\mu m$ 左右，厚 $2\sim3\mu m$，在光学显微镜下，叶绿体内部一般呈匀质状，如果用高倍镜放大，则可清楚地看到叶绿体内有颗粒结构。叶肉细胞一般含 50～200 个叶绿体，可占细胞质的 40%。叶绿体由叶绿体外被、类囊体和基质 3 部分组成，叶绿体含有 3 种不同的膜：外膜、内膜、类囊体膜，3 种彼此分开的腔：膜间隙、基质和类囊体腔。外膜和内膜之间的膜间隙为 10～20nm，两层膜对各种各样的离子以及种种物质具有选择透过性。外膜的渗透性大，如核苷、无机磷、蔗糖等许多营养分子可自由进入膜间隙。内膜对通过物质的选择性很强，CO_2、O_2、Pi、H_2O、磷酸甘油酸、丙糖磷酸、双羧酸和双羧酸氨基酸可以透过内膜，ADP、葡萄糖及果糖等透过内膜较慢。蔗糖、C_5 糖双磷酸酯、$NADP^+$ 及焦磷酸不能透过内膜，需要特殊的转运体才能通过内膜。在叶绿体内部还有基质、富含脂质和质体醌的质体颗粒，以及结构精细的内膜系统（类囊体）。在基质中，水占叶绿体重量的 60%～80%，其内含有各种各样的离子、低分子有机化合物、RuBP 羧化酶、蛋白质、核糖体、RNA、DNA 等。

二、类囊体

构成叶绿体内膜系统微细结构基础的是类囊体，而类囊体又是由单层膜围成的扁平小囊构成的。许多类囊体像圆盘一样叠在一起形成基粒，基粒又相互连接，形成一个相互贯通的封闭系统。基粒直径 $0.25～0.8\mu m$，由 10～100 个类囊体组成。每个叶绿体中有 40～60 个基粒。叶绿体通过内膜形成类囊体来增大内膜面积，以此为在叶绿体中发生的反应提供场所。从生物学角度看，类囊体膜包含有细胞色素 b_6f 蛋白复合体、质体醌（PQ）、质体蓝素（PC）、铁氧化还原蛋白、黄素蛋白、光系统Ⅰ复合物、光系统Ⅱ复合物等各种光合色素和光合成电子传递成分、磷酸化偶联因子。色素被光能激发，发生电子传递并合成 ATP，在此基础上利用由此生成的 NADPH 和 ATP 在基质中进行二氧化碳固定，实现光能向化学能的转化，这些复杂的反应都在类囊体上及其表面附近进行的，因此，类囊体膜亦称光合膜。从化学成分看，类囊体膜的主要成分是蛋白质和脂类（60∶40），脂类中的脂肪酸主要是不饱和脂肪酸（约 87%），具有较高的流动性。

三、光合色素

叶绿体是进行光合作用的场所。类囊体中含两类色素：叶绿素和橙黄色的类胡萝卜素（胡萝卜素和叶黄素），通常叶绿素和类胡萝卜素的比例约为 3∶1，叶绿素 a 与叶绿素 b 的比例也约为 3∶1。叶绿素 a、叶绿素 b 由 1 个与镁络合的卟啉环和一个长链醇组成。类胡萝卜素是由异戊烯单元组成的四萜，具有较多的共轭双键。全部叶绿素和几乎所有的类胡萝卜素都包埋在类囊体膜中，与蛋白质以非共价键结合，一条肽链上可以结合若干色素分子，各色素分子间的距离和取向固定，有利于能量传递。类胡萝卜素与叶黄素能对叶绿素 a、叶绿素 b 起一定的保护作用。这几类色素的吸收光谱不同，叶绿素 a、叶绿素 b 吸收红、橙、蓝、紫光，类胡萝卜素吸收蓝紫光，吸收率最低的为绿光。能进行光合作用的植物必须含有叶绿素 a，而且也只有少数的叶绿素 a 在其特殊的环境和状态下才具有光能的转换功能，把光能转换成化学能，它是光合作用原初过程的反应中心色素。大部分色素分子起捕获光能的作用，并将光能以诱导共振方式传递到反应中心色素。因此，这些色素被称为天线色素。叶绿体中全部叶绿素 b 和大部分叶绿素 a 都是天线色素。另外，类胡萝卜素和叶黄素分子也起捕获光能的作用，称为辅助色素。上述这些色素无一例外地都与蛋白质结合成色素蛋白复合体行使其功能。

第二节　光合作用大分子的结构与功能

光合作用主要是由光合膜上的 4 种不同蛋白质超分子复合体协同完成的，它们是光系统Ⅰ（PSⅠ）、光系统Ⅱ（PSⅡ）、细胞色素 $b_6 f$ 蛋白复合体和 ATP 合酶。

一、光系统Ⅰ

光系统Ⅰ是由内周捕光天线色素蛋白复合体（LHCⅠ）和反应中心色素蛋白复合体（PSI-RC）组成，能被波长 700nm 的光激发，又称 P700。它包含多条肽链，位于基粒与基质接触区的基质类囊体膜中。结合 100 个左右叶绿素分子，除了几个特殊的叶绿素为中心色素外，其他叶绿素都是天线色素。

二、光系统Ⅱ

光系统Ⅱ由外周捕光天线色素蛋白复合体（LHCⅡ）、内周捕光天线色素蛋白复合体（CP_{43} 和 CP_{47} 等）、反应中心色素蛋白复合体（PSII-RC）和放氧中心复合体等组成。吸收高峰为波长 680nm 处，又称 P680。光系统Ⅱ至少包括 12 条多肽链，位于基粒与基质非接触区域的类囊体膜上，包括 1 个捕光复合体、1 个反应中心和 1 个含锰原子的放氧复合体。

三、细胞色素 b_6f 复合体

细胞色素 b_6f 复合体是以二聚体的形式存在于植物体内，其分子量约 105ku，每个单体含有 4 个不同的亚基，即细胞色素 b_6、细胞色素 f、铁硫蛋白及亚基IV（被认为是质体醌的结合蛋白）。此外，该复合体还含有 1～1.5 个分子叶绿素 a 和 1 个分子或低于 1 个分子的类胡萝卜素。细胞色素 f 含 285 个氨基酸。细胞色素 b_6 含 214 个氨基酸残基，直接参与质体醌的氧化和还原，在细胞色素 b_6f 复合体催化电子传递和质子运转过程中起重要作用。

四、ATP 合酶

叶绿体的 ATP 合酶是由 CF_0 和 CF_1 两部分组成，它分布在间质类囊体膜上和基粒类囊体膜的非垛叠区。CF_0 由 4 个亚基组成，亚基 I 和亚基 II 伸向叶绿体间质，并与 CF_1 相互作用，可能是柄的一部分。亚基 III 可能在 CF_1 连接到类囊体膜上起作用，并形成质子通道，在质子传导中起重要作用。亚基 IV 不直接参与质子的传导，可能起着组织和稳定 CF_0 结构的作用。CF_1 由 5 个亚基组成，3 个 α 亚基和 3 个 β 亚基在同一平面上呈"橘瓣状"交错排列，在 γ 亚基周围形成一个六面体，这样的结构对 CF_1 的空间结构起稳定作用。

第三节 光依赖反应

一、光能的性质与吸收

光合作用的能源来自太阳光。光是电磁辐射的一种形式，它具有波的性质和粒子的性质，即以波的形式传播，而以粒子的形式被吸收或发射，这种粒子称为光子或光量子。光量子的能量取决于光波频率，频率越高（或波长越短）则能量越大，反之，频率越低（波长越长）则能量也越小。

太阳光经过大气层的吸收、反射之后，实际到达地球表面上的太阳光中紫外光占 2%，红外光占 53%，可见光占 45%，而植物光合作用的有效光谱在紫光（400nm）至红光（750nm）之间。叶绿素对光的吸收能力极强，既可吸收橙红光，又可吸收蓝紫光。但由于叶绿素 a 和叶绿素 b 的化学组成不同，它们的吸收峰也不尽相同，特别是叶绿素 a 在红光区的吸收峰值明显高于叶绿素

b，在光合作用中起主要作用的β-胡萝卜素在蓝紫区有 2～3 个吸收带。

二、光反应

光反应是在类囊体膜上进行的。类囊体膜上的光系统由多种色素如叶绿素 a、叶绿素 b 和类胡萝卜素等组成，这样的构成既拓宽了光合作用的光谱，也能吸收多余的强光而形成光保护作用。在此系统中，当光子达到系统里的色素分子时，电子会在分子之间转移，直到反应中心为止。反应中心色素所吸收的光能与原初电子受体和次级电子受体之间进行氧化还原反应，以完成光能转化为电能，并转变为稳定的化学能。具体是：叶绿体膜上的两套光合作用系统——光合作用系统Ⅰ和光合作用系统Ⅱ（光合作用系统Ⅰ比光合作用系统Ⅱ要原始，但电子传递先在光合系统Ⅱ开始，按其发现顺序命名）在光照的情况下，分别吸收 700nm 和 680nm 波长的光子，作为能量，将从水分子光解过程中得到电子不断传递，其中还有细胞色素 b_6f 复合体的参与，最后传递给辅酶 $NADP^+$，通过铁氧还蛋白-NADP 还原酶将 $NADP^+$ 还原为 NADPH。而水光解所得的氢离子则因为顺浓度差通过类囊体膜上的蛋白质复合体从类囊体内向外移动到基质，势能降低，其间的势能用于合成 ATP，以供碳反应所用。

光反应的生物学意义在于，通过水的光解产生氧气和氢离子，其中氢离子可进一步用于合成 NADPH（还原型辅酶Ⅱ），为碳反应提供还原剂。同时，光反应将光能转变成活跃的化学能，储存在 ATP 中，为碳反应提供能量。

三、电子传递链

光合链是指定位在光合膜上的，由多个电子传递体组成的电子传递的总轨道。现在较为公认的是由希尔（1960）等人提出并经后人修正与补充的 Z 方案，即电子传递是在两个光系统串联配合下完成的，电子传递体按氧化还原电位高低排列，使电子传递链呈侧写的 Z 形。

四、ATP 合成

由光照引起的电子传递与磷酸化作用偶联而生成 ATP 的过程称光合磷酸化。具体是，叶绿体在光下将腺苷二磷酸（ADP）和磷酸盐（Pi）合成 ATP，形成高能磷酸键。

光合磷酸化主要在 ATP 酶作用下完成。ATP 酶可分为 CF_1 和 CF_0 两部分。CF_0 插在膜中，起质子通道作用，CF_1 由 α3、β3、γ、δ、ε 亚基组成，α、β 亚基有结合 ADP 的功能，γ 亚基控制质子流动，δ 亚基与 CF_0 结合，ε 亚基对质子的通过有影响，去除它会刺激 ATP 酶活性，而加上后可抑制 ATP 酶活性。CF_1 在基质一边，所以新合成的 ATP 释放到基质中去。CF_0 至少有 3 个亚基组成，寡霉素可以抑制 ATP 酶的活性，从而可以阻断光合磷酸化作用。

光合磷酸化作用与电子传递相偶联。如果在叶绿体体系中加入电子传递抑制剂，那么光合磷酸化就会停止；同样，在偶联磷酸化时，电子传递则会加快，所以，在体系中加入磷酸化底物会促进电子的传递和氧的释放。

第四节 非光依赖反应

光合作用的碳素固定是植物在光合作用中利用其光反应所产生的同化能力（ATP 和 NADPH）将 CO_2 还原成碳水化合物的过程，同时也是将活泼的化学能转化成相当稳定的化学能并储存在光合产物中的过程。由于该过程所合成的有机物占植物总干重的 90% 以上，故光合作用的碳素同化备受人们的关注。

固碳作用实质上是一系列的酶促反应。根据 CO_2 同化过程中的最初产物和碳代谢特点，光合碳同化途径主要分为 3 种：C_3 途径（卡尔文循环）、C_4 途径和景天酸代谢（CAM），其中 C_3 途径是主要途径，因为它是所有生氧的光合生物所共有的同化 CO_2 的途径，同时它还有自动催化特性。三种类型是因二氧化碳固定过程的不同而划分的。不同的植物，固碳的过程不一样，其叶片的解剖结构也不相同。这是植物对环境适应的结果。

一、C_3 途径

大部分农作物（如水稻、小麦、油菜等）属于 C_3 植物，二氧化碳经气孔进入叶片后，直接进入叶肉进行卡尔文循环。卡尔文循环反应场所为叶绿体内的基质。卡尔文循环可分为 3 个阶段：羧化、还原和 1，5-二磷酸核酮糖的再生。大部分植物会将大气中吸收到的一分子二氧化碳通过一种叫二磷酸核酮糖羧化酶（RubisCO）整合到一个五碳糖分子 1，5-二磷酸核酮糖（RuBP）的第二位碳原子上，此过程称为二氧化碳的固定。这一步反应的意义是把原本并不活泼的二氧化碳分子活化，使之随后能被还原。这种六碳化合物极不稳定，会立刻分解为两分子的三碳化合物 3-磷酸甘油酸。后者被在光反应中生成的 NADPH 还原，此过程需要消耗 ATP。产物是甘油醛-3-磷酸。后来经过一系列复杂的生化反应，1个碳原子将会被用于合成葡萄糖而离开循环。剩下的5个碳原子经一系列变化，最后在生成1个1，5-二磷酸核酮糖，循环重新开始。循环运行6次，生成一分子的葡萄糖。

二、C_4途径

在20世纪60年代，澳大利亚科学家哈奇和斯莱克发现玉米、甘蔗等热带绿色植物，除了和其他绿色植物一样具有卡尔文循环外，CO_2首先通过一条特别的途径被固定。这条途径也被称为哈奇-斯莱克途径（Hatch-Slack途径），又称C_4途径。C_4植物主要是玉米等生活在干旱热带地区的植物。在这种环境中，植物若长时间开放气孔吸收CO_2，会导致水分通过蒸腾作用过快的流失。所以，植物只能短时间开放气孔，CO_2的摄入量必然少。植物必须利用这少量的CO_2进行光合作用，合成自身生长所需的物质。

在C_4植物叶片维管束的周围，靠近维管束组织的内层有维管束鞘围绕，形成花环状结构，这些维管束鞘细胞含有叶绿体，但里面并无基粒或发育不良；外层细胞则称叶肉细胞。在这里，主要进行卡尔文循环。其叶肉细胞中，含有独特的酶，即磷酸烯醇式丙酮酸碳羧化酶（PEPase），使得大气中CO_2的先被一种三碳化合物-磷酸烯醇式丙酮酸同化，形成四碳化合物草酰乙酸，这也是该暗反应类型名称的由来。此草酰乙酸在转变为苹果酸盐后，进入维管束鞘，就会分解释放二氧化碳和一分子丙酮酸。二氧化碳进入卡尔文循环，而丙酮酸则会被再次合成磷酸烯醇式丙酮酸，此过程消耗ATP。由于C_4植物多了一个能固定、运转CO_2的C_4途径，该途径主要起"CO_2泵"作用，故使植物能有效地吸收CO_2，并保持着高的净光合速率。

C_4植物可以在夜晚或气温较低时开放气孔吸收CO_2并合成C_4化合物，再在白天有阳光时借助C_4化合物提供的CO_2合成有机物。该类型的优点是，二氧化碳固定效率比C_3高很多，有利于植物在干旱环境生长。C_3植物行光合作用所得的淀粉会储存在叶肉细胞中，因为这是卡尔文循环的场所。而C_4植物的淀粉将会储存于维管束鞘细胞内，因为C_4植物的卡尔文循环是在此发生的。

三、CAM途径

景天酸途径（crassulacean acid metabolism，CAM）是部分热带植物为适应干旱热带地区而采用的一种精巧的碳固定方法。这些植物晚上开放气孔，吸

收 CO_2，而且在一定范围内，气温越低，CO_2 吸收越多。到了白天，关闭气孔减少水分蒸腾，释放的 CO_2 进入卡尔文循环进行光合作用，并且在一定的范围内，温度越高，脱羧越快。由于夜间温度比较低，所以通过气孔丢失的水分要比白天少得多，对于植物来说，这样的好处就是可以避免水分过快流失，因为气孔只在夜间开放以摄取 CO_2。由于这种方式是在景天科植物上首先发现的，故称为景天酸代谢途径。在栽培技术上可以利用这个特点，如在一定范围内，尽可能加大温室的昼夜温差，并且在晚上提高室内二氧化碳浓度等，可促使这类植物加快生长。由此可见，普通的 C_4 类植物（如玉米、甘蔗等），它们对 CO_2 固定是空间分离的（通过两种细胞类型实现：叶肉细胞和维管束鞘细胞）。而景天酸代谢植物（如仙人掌、多肉植物等）则不同，它们对 CO_2 的固定是时间分离（昼夜节律）。

　　C_4 植物和 CAM 植物都是低光呼吸植物，都具有光合碳同化最基本的 C_3 途径将 CO_2 还原成糖。C_4 途径与 CAM 途径相同点：①都具有羧化（固定 CO_2）和脱羧（脱下 CO_2）两个过程；②都只能起暂时固定 CO_2 功能，不能将 CO_2 还原成糖。③CO_2 最初受体都为磷酸烯醇式丙酮酸，CO_2 最初固定产物都是草酰乙酸，催化最初羧化反应的酶都是 PEP 酶。其不同点是：C_4 途径的羧化和脱羧在空间上是分开的，即羧化在叶肉细胞中进行，脱羧在鞘细胞中进行，而在时间上没有分开，均在白天进行。CAM 途径的羧化和脱羧在时间上是分开的，即羧化在夜晚进行，脱羧在白天进行，而在空间上没有分开，均在叶肉细胞叶绿体中进行。

四、光反应和碳反应比较

　　光反应和碳反应的联系：光反应和碳反应是一个整体，二者紧密联系。光反应是碳反应的基础，光反应阶段为碳反应阶段提供能量和还原剂，碳反应产生的 ADP 和 Pi 为光反应合成 ATP 提供原料。

　　光反应和碳反应的区别：光反应的本质是叶绿素把光能先转化为电能再转化为活跃的化学能并储存在 ATP 中的过程，这个反应过程用时极短（以微秒计），在叶绿体内囊状结构薄膜上进行，而且需要色素、光、ADP 和酶；碳反应的实质是将 ATP 中活跃的化学能转化变为糖类等有机物中稳定的化学能的过程；在叶绿体基质中进行，需要 CO_2 和多种酶，但不需色素和光。

第五节　影响光合效率的因素

1. 光照　光合作用是一个光生物化学反应，所以，在一定范围内，光合速率随着光照强度的增加而加快。但超过一定范围之后，光合速率的增加变慢，直到不再增加。光合速率可以用 CO_2 的吸收量来表示，CO_2 的吸收量越大，表示光合速率越快。

2. 二氧化碳 CO_2 是绿色植物光合作用的原料，它的浓度高低影响了光合作用暗反应的进行。在一定范围内提高 CO_2 的浓度能提高光合作用的速率，CO_2 浓度达到一定值之后光合作用速率不再增加，这是因为光反应的产物有限。

3. 温度 温度对光合作用的影响较为复杂。由于光合作用包括光反应和暗反应两个部分，光反应主要涉及光物理和光化学反应过程，尤其是与光有直接关系的步骤，不包括酶促反应，因此，光反应部分受温度的影响小，甚至不受温度影响；而暗反应是一系列酶促反应，明显地受温度变化影响和制约。当温度高于光合作用的最适温度（约 25℃）时，光合速率明显地表现出随温度上升而下降，这是由于高温引起催化暗反应的有关酶钝化、变性甚至遭到破坏，同时高温还会导致叶绿体结构发生变化和受损；高温加剧植物的呼吸作用，而且使 CO_2 溶解度的下降超过氧溶解度的下降，结果利于光呼吸而不利于光合作用；在高温下，叶子的蒸腾速率增高，叶子失水严重，造成气孔关闭，使 CO_2 供应不足，这些因素的共同作用，必然导致光合速率急剧下降。当温度上升到热限温度，净光合速率便降为零，如果温度继续上升，叶片会因严重失水而萎蔫，甚至干枯死亡。

4. 矿质元素 矿质元素直接或间接影响光合作用。例如，氮是构成叶绿素、酶、ATP 的化合物的元素，磷是构成 ATP 的元素，镁是构成叶绿素的元素。

5. 水分 水分既是光合作用的原料之一，又可影响叶片气孔的开闭，间接影响 CO_2 的吸收。在干旱胁迫下，植物的光合速率下降。

第六节 光合产物的合成和运输

多数植物光合作用合成的最主要产物是碳水化合物，其中包括单糖、双糖和多糖。单糖中最普遍的是葡萄糖和果糖；双糖是蔗糖；多糖则是淀粉。在叶子里，葡萄糖很快就变成了淀粉，暂时储存在叶绿体中，以后又被运送到植物体的各个部分。但有些植物如葱、蒜等的叶子在光合作用中不形成淀粉，只形成糖类。

植物光合作用的产物除碳水化合物外，还有有机酸、氨基酸和蛋白质等。在不同条件下，各种光合产物的质和量均有差异，例如，氮肥多则蛋白质形成也多，氮肥少则糖的形成较多，而蛋白质的形成较少；植物幼小时，叶子里蛋白质形成多，随年龄增加，糖形成增多；蓝紫光下则合成蛋白质较多（山区小麦蛋白质含量高、质地好就是这个道理），在红光下则合成碳水化合物较多。所以，光合作用产物不是固定不变的。在不同情况下，可以发生质和量的变化。

　　作物的经济产量（种子、块根、块茎等）主要取决于光合产物的去向和分配比例，因而光合产物的运输和分配对产量的形成起着至关重要的作用。农业"绿色革命"取得巨大成功，其奥秘在于将更多的光合产物分配到种子中，从而提高经济系数，最终获得高产。高等植物的物质运输主要在维管束中进行，维管束包括木质部和韧皮部两部分，其中木质部负责水和矿物质的运输，韧皮部负责碳水化合物的运输。碳水化合物在韧皮部中的筛管中运输，筛管由具有质膜的活细胞构成，上面有许多可运输物质的载体。在筛管的周围通常还有一个或几个伴胞，与筛管共同构成运输复合体。

　　光合产物从光合细胞运输到筛管主要依靠小叶脉中的不同类型伴胞。在光照条件下，合成的磷酸丙糖从叶绿体外运到细胞质中并转化为蔗糖；在黑暗条件下，叶绿体中的淀粉水解后也转入细胞质中再转化为蔗糖。这些蔗糖从叶肉细胞运输到小叶脉的筛管复合体的筛管内，并汇入主叶脉筛管中向外运输。

　　碳水化合物的运输可通过质外体和共质体两条途径进行。质外体途径是细胞壁的次生壁形成的质外体空间，许多运输过程是在这里进行的。质外体途径并非指全部过程均在质外体进行，而是在此途径的某些过程是质外体途径，有些过程是通过共质体途径进行的。

　　蔗糖在质外体的运输过程中，可以被细胞壁蔗糖酶分解为小分子单糖（葡萄糖和果糖）以方便从质外体跨膜进入接收细胞，这种跨膜运输通常是主动运输，因为需要代谢能量。碳水化合物经韧皮部筛管运输后，进入不同的器官和组织中，最终形成经济产量。各个器官获得分配物的多少，取决于库器官对光合产物的竞争能力，也就是对光合产物的利用能力。因此，协调好源-库的关系是实现高产的理论依据。

第七节　油菜光合作用特点及同化物的分配

　　光能利用率是作物产量高低的决定性因素。研究表明，目前大田作物的光能利用率都很低，一些主要农作物如水稻、小麦的高产品种的光能利用率仅为$1.0\%\sim1.5\%$，而其理想光能利用率可达到$3.0\%\sim5.0\%$（Mann，1999）。因此，提高光能利用率是打破当前作物产量瓶颈、提高作物效益的理想途径。

光合作用是油菜干物质生产的最主要来源，除有少量来源于土壤中的矿质元素外，有 90%～95% 来源于光合作用。对于油菜来说，其光合作用本质就是吸收太阳能，经过一系列的转换，直接形成油脂、蛋白质等能量储藏物质。油菜一生中光合面积、光合效率以及光合产物的运转、分配与积累，是油菜生产的物质基础。叶、茎、角果是油菜的主要光合器官。在苗期，叶是唯一的光合器官。抽薹之后，叶在加强功能的同时，随着薹的迅速生长，薹的光合作用功能随之显现出来。开花后，随着角果的发育，角果面积迅速增加，直至结实中期占据植株光合器官的主导地位。叶片光合色素含量、光合速率和气孔导度显著高于角果，盛花期叶面积最大，而灌浆期角果皮面积达到最大。初花期时，叶片是主要的光合器官。终花后到灌浆前，叶片和幼果是主要光合器官。灌浆期时，角果是主要光合器官。因此，提高油菜的群体光合效率，使油菜群体具有高的物质生产和积累能力对油菜获得高产至关重要。

在油菜的一生中，叶片先后发育成长柄叶、短柄叶和无柄叶，分别在不同的生育时期为油菜的根、茎生长，花器分化和籽粒形成提供光合产物。叶片不仅构成了根茎及分枝生长的基础，而且对籽粒的形成也有直接贡献。油菜苗期以植株最大叶的光合强度最高，向上各新生叶以及向下各定型叶均逐渐下降，但向下各叶光合强度下降的幅度较小，下降幅度与光照、叶绿素含量以及植株生长状态有关。长柄叶主要是在冬前进行光合作用，为油菜冬前营养生长及越冬提供保障，短柄叶和无柄叶对生殖生长影响较大。不同时期去叶单株产量较对照下降 40%～70%，花期前去叶对角果数影响最大。在初花期，油菜植株光合产物主要供给茎秆生长、花序分化和幼果形成；在终花期，下部叶片（主要为长柄叶和部分短柄叶）的光合产物约有 31.8% 向茎扩散，31.9% 向根扩散，角果和种子所占比例较少，起着保根的作用，而上部叶（主要为无柄叶和部分短柄叶）与之相反，65% 以上的光合产物输至角果和种子，供角果加速生长和籽粒形成；在灌浆期，光合产物主要转移至籽粒，保证籽粒产量和品质。

油菜的茎和角果也可以作为光合器官进行光合作用。由于茎在油菜整个生育期所占表面积的比例较小，因此，光合器官的更替实际上是由叶向角果的更替。据估计，油菜籽粒中有 70%～100% 的同化物是由角果提供。油菜初花期叶面积占单株光合面积的 73%，茎皮面积占 27%；至结实中期角果皮表面积占单株光合面积的 65%，茎皮面积占 35%。油菜角果的光合特性与叶片光合特性的不同之处主要表现在：较高的光饱和点、较低的光补偿点和较长的高效光合持续期。

与大多数 C_3 植物一样，油菜叶片的光合速率也存在着因气象生态因子的日变化而引起的日变化，即油菜叶片存在着明显的光合“午休”现象，净光合速率（net photosynthesis rate，P_n）日变化呈双峰曲线，且表现出上午高、下午低的光合日变化现象，下午叶片的净光合速率明显低于上午，上午的净光合速率峰值大于下午的峰值，这种现象是油菜自身生物节律（生物钟）和各种外界环境条件共同作用的结果。与油菜叶片的日变化相比，角果光合日变化在峰值出现的时间上比叶片的光推迟；与叶片相比，角果更耐高温和高光强，气孔导度也明显较低。角果中可能具有高活性的 C_4 途径酶和类似 C_4 途径的循环途径，使油菜的光合效率大幅提高，从而有利于形成更高的种子产量，也是油菜在光合生产上不同于其他作物的一个特性。

综上可见，油菜花期叶片面积达到最大值，而且短柄叶的光合产物对籽粒产量和品质的影响大于无柄叶；灌浆期的角果皮面积最大，而且角果光合作用对籽粒产量和品质的影响比叶片还重要。因此，只有充分掌握油菜的光合作用规律和同化物的分配途径，选育和应用短柄叶叶面积大且角果皮面积大的高光效品种，通过群体协调，构建和谐高效的高光效群体，才有可能获得油菜高产。

第二章　油菜光合作用研究进展

油菜是世界主要的油料作物之一，在我国种植面积超过 650 万 hm²，是我国的第五大作物。我国是世界上油菜生产历史最悠久、种植面积最广、总产量最多的国家，菜籽油是我国人民重要的食用植物油。我国生产的油菜籽含油率 40%～45%，出油率 35% 以上，每年可为我国提供 450 万吨以上食用油和 600 万吨以上优质蛋白饲料，同时也是生物燃料、医药、化妆品、冶金等行业的重要工业原料。作为世界上最大的油料消费国，我国长期处于食用油供给短缺的局面。随着我国人们生活水平的不断提高，食用植物油作为人们的刚性需求在未来的几年内需求必然增长迅速。在我国耕地资源缺乏、进一步扩大油料生产受限、农业生态环境不断恶化的背景下，发展产油效率最高的油料作物——油菜也是我国植物油充足供给的重要保障。因此，发展油菜生产不仅关系到我国种植业结构的调整和优化，关系到我国农民的增产增收，同时对于提高人们生活水平、改善人们膳食结构和保障我国食物安全具有重要意义。而且在当前能源短缺和环境污染问题日益突出的背景下，发展油菜生产还有利于缓解我国能源短缺问题和保障环境安全。因此，发展油菜生产对我国经济和社会发展均意义重大。

自中华人民共和国成立以来，我国油菜生产开始进入了快速发展阶段。目前，我国油菜种植面积保持在 700 万 hm² 左右，平均单产 1 813kg/hm²，总产 1 318 万 t，种植面积和单产分别比 1950—1960 年增加了近 3 倍，总产增加了 12 倍。但是也必须看到，我国油菜种植面积大大超过欧盟，但总产却不及欧盟，油菜单产水平增长缓慢；国产菜籽品质同加拿大、欧盟相比有一定差距。特别是在全球油菜籽生产一路走高的情况下，我国油菜种植面积和产量已经连续多年出现徘徊，菜籽油在食用植物油中的份额有所下降。而且随着人民生活水平的提高，优质食用植物油的市场需求逐年增加。面对国内强大的植物油需求市场，我国油菜产业存在着严重的不足。一方面油菜单产长期徘徊不前；另一方面，随着当前我国城镇化的不断推进和快速发展，耕地面积不断减少的趋势已成为难以阻挡的趋势，耕地资源不足对油菜生产发展构成严重制约。当前，农民种植油菜的积极性低下，其根本原因是也是由于油菜单产过低、种植效益低下。因此，如何提高单产是保障我国油菜生产的关键。

第一节　提高油菜产量的探索

针对我国特殊的多熟种植制度和各地的自然条件、气候特点，油菜栽培工作者研究建立了适合不同农区、不同品种类型的多种油菜种植模式，围绕油菜高产再高产，探索油菜高产规律和途径。并在油菜大面积优质化栽培、轻简化高效栽培等方面进行了长期不懈的努力。从 20 世纪 60 年代至今，我国冬油菜的栽培科学技术从"三发"栽培开始，后又历经了群体质量栽培、保优栽培和轻简化栽培等发展阶段。但从 20 世纪 90 年代以来，栽培技术的改进对油菜单产提升的贡献很小，利用传统的育种资源和栽培措施如通过施肥、改变密度等栽培措施的改进以提高油菜单产已经发展到了一个瓶颈阶段。因此，积极寻求新的提高油菜单产的途径是我国当前油菜产业中亟须解决的问题。

作物光合特性与产量之间关系的问题一直是人们关注的焦点。由于作物干物质的 95% 是来源于光合作用，人们自然会想到通过提高作物的光合速率能促进高产。但作物光合速率与产量之间是否存在人们所预想的正相关关系？弄清楚这种关系似乎并不是那么简单。Moss 等（1971）最先提出了高光效育种以提高作物产量的思路，尝试通过育种的途径和方法，选择光合速率较高的品种进而达到提高产量的目的，但并没有获得理想的结果。Kongjika 等（1995）在研究低色素含量小麦突变体时发现，光合色素含量与气孔导度和光合速率之间没有必然的联系，因此，他们认为作物光合特性与产量无关。Graybosch 和 Peterson（2010）认为光合速率最主要的贡献是能够提高作物的干物质产量，而不是经济产量；作物产量提高最根本还是需要提高收获指数。因此，他们认为某个基因或光合特征（如提高 RuBP 羧化酶活性或光合速率）的改变很难对产量有实质性的改变。Nelson（1988）在综合分析了前人的研究结果后认为，叶片光合作用与产量之间不存在正相关关系。董建力等（2001）研究了春小麦品种（系）光合速率与产量及农艺性状之间的相关关系，结果表明，光合速率与千粒重之间的相关性达到显著水平，但与产量的相关性极低。Evans（1992）认为，光合效率提高导致产量潜力改善的证据很难找到，许多研究所获得的作物光合速率与产量之间的显著相关性结论只是例外而不是规律。近年来，在小麦、大豆等作物上也有关于光合速率与籽粒产量之间关系不密切的报道，甚至还有一些随产量遗传潜力的提升而下降的研究结果。Richards（2000）研究认为，作物产量在 20 世纪翻了近一番，然而作物的光合速率却基本上没有怎么改变，因此，推断光合速率与产量无关。

然而近年来，证明光合速率与产量呈正相关关系的证据开始增多。

Singh 等（1993）以木豆为材料的研究结果表明，在木豆不同生育时期（如开花期和灌浆期）的净光合速率均与产量呈显著正相关关系。Reynolds 等（2000）在小麦抽穗成熟期间对旗叶的测定以及 Fischer 等（1998）在春小麦灌浆期的试验，均得出了叶片光合速率与产量呈显著正相关的结论。徐凡等（2009）研究认为，北方冬小麦在生殖生长期的光合速率与产量具有显著的正相关关系。朱桂杰等（2002）以不同年代育成的大豆品种为材料，比较了其光合及产量特性，结果表明光合速率和产量之间呈显著正相关。刘国宁（2013）以吉林省从 1923 年以来主推的 38 个大豆品种为材料的研究结果也表明产量与叶片净光合速率呈极显著正相关。韩俊梅（2013）等以杂交大豆为材料探讨了光合与产量之间的关系，结果表明在大豆的结荚期，净光合速率与产量呈现显著正相关。郑宝香等（2008）认为大豆品种间的光合速率差异可以作为比较产量的高低的一个重要指标。李潮海等（2005）研究不同产量水平玉米光合特性结果表明，高产品种明显具有较高的光合能力。周艳敏和张春庆（2008）认为改善玉米光合作用性能是提高玉米产量的基础途径。唐文邦等（2004）研究水稻功能叶光合速率及叶片性状与产量的关系，结果表明光合速率与单穗质量呈正相关。

另外，群体光合速率在玉米、大豆、棉花、小麦等作物上的研究结果表明，光合速率与产量间具有显著的正相关关系。刘丽平等（2012）和刘党校等（2007）等也通过采用改善通风透光条件、补充光照以及增加 CO_2 浓度等方法从侧面证明了光合速率在作物生长及产量形成的过程中是不容忽视的。许大全等（1994）认为，一些研究者所提出的"光合速率与产量的正相关关系可能只是一个例外"的说法是因为没有认识到其关系的实质。他认为，光合速率与作物产量成正相关是一个规律性的表现。

李少昆（1998）在总结了前人的光合速率与产量间的关系研究后指出，光合速率与作物产量存在本质上的正相关。并指出一些研究未得出光合速率与产量正相关关系的原因：①试验设计时未降低或消除环境等因子的影响；②不同产量生产水平的影响；③作物不同生长发育时期的光合速率与产量之间存在不同的相关性；④测定光合速率的方法对结果也会产生影响。虽然前人在光合速率与产量的关系上做了许多工作，但无论如何，"光合速率与产量之间的关系仍然存在争议"这一点是不可否认的；能否证明作物光合速率与产量间的相关关系是关系到高光效育种及栽培研究发展方向的重要理论基础。特别是对于生育期相对较长的油菜来说，关于产量与光合速率方面的研究还较少，明确光合速率与产量之间的关系对于油菜创新其产量具有极其重要的意义。

第二节　叶片光合作用与产量的关系

油菜的叶、茎、角果等绿色部位均可以进行光合作用。在油菜生长发育的整个周期中,叶片是油菜进行光合作用最主要的功能器官。叶片先后发育为长柄叶、短柄叶和无柄叶,分别在不同时期为油菜生长发育提供光合产物。其中对于长柄叶来说,主要是在冬前进行光合作用,为油菜冬前营养生长及越冬提供保障,短柄叶和无柄叶对生殖生长影响较大。

一、叶片光合速率对产量的影响

大量研究结果表明,油菜不同品种光合速率有较大差异。巨霞等(2013)认为,相对于白菜型油菜和芥菜型油菜,甘蓝型油菜杂交种和常规种的光合速率均较高,蒸腾速率也较大,而白菜型油菜和芥菜型油菜的净光合速率均较低。但李卫芳等(1997)比较了白菜型油菜、芥菜型油菜和甘蓝型油菜3种油菜叶的基本结构后认为,白菜型油菜叶中的叶肉细胞比较小、表面积大,有较高的光合速率。对于甘蓝型油菜本身而言,崔德欣等(1979)和宋国良等(1990)的测定结果均表明,杂交油菜品种叶片的光合速率高于常规品种。胡会庆等(1998)的研究结果也表明,当光强较高时,产量较高的品种光合速率明显高于产量较低的品种;而当光强较低时,二者之间的净光合速率没有明显的差异。在转基因油菜光合特性的研究上,浦惠明等(1997)研究结果表明,转基因抗除草剂油菜光合速率低于常规种。张耀文等(2012)认为油菜保持系与不育系之间在叶片的光合气体交换参数上无差异。冷锁虎等(2002)分析光强、温度、施肥等因素与光合速率之间的关系,结果表明油菜苗期叶片光合速率和呼吸速率均以最大叶最高,而从最大叶向上或向下的定型叶光合速率均呈下降趋势,下部变黄叶片的光合速率则急剧下降,下降幅度与光照、叶绿素含量以及植株生长状态有关。从不同生育期来看,不同研究结果之间差异较大。刘德明等(2010)认为整个油菜生育期中,油菜花期叶片光合速率最大,其次是角果发育期,苗期叶片光合速率相对较小。华纬等(2012)等的研究结果也表明,油菜角果期叶片光合速率高于苗期。张耀文等(2013)认为甘蓝型油菜光合性状尤其是光合气体交换参数在薹期至盛花期的数值较大,品种间的差异也较大。但巨霞(2012)以青海省3种不同类型油菜7个代表性品种作为供试材料的研究结果表明,油菜苗期叶片净光合速率最高,而盛花期叶片光合速率较低,认为造成这种现象的主要原因是油菜功能叶随生长发育逐渐衰老,从而造成了其光合功能的下降，即表现为光合速率下降。

油菜叶片在油菜发育前期对产量形成的贡献已毋庸置疑。当前对于油菜叶片光合与产量之间关系的争议主要集中在不同生育时期不同部位叶片作用的大小上。胡宝成等（1991）研究了去叶对油菜产量的影响，结果表明初花期去叶对产量影响最大，而终花期去叶对产量影响最小。朱宏爱等（2005）以及 Clarke（1978）均获得了类似的结果，他们均认为终花期或终花后油菜叶片对产量的贡献最小，而初花期或始花期叶片对产量影响最大。但张宇文等（1996）认为后期叶片对产量形成的作用仍然十分重要，他们的研究结果表明，不同部位叶片对产量贡献大小的顺序为：长柄叶＜分枝叶＜短柄叶＜无柄叶。与大豆、小麦、水稻等作物不同，目前关于油菜光合速率与产量间关系的研究还较少。巨霞和李宗仁（2012）研究结果表明，不同类型油菜品种（系）各生育期净光合速率均与单株产量呈极显著或显著的正相关。李俊等（2011）认为不同油菜品种短柄叶衰老中后期的光合速率与产量呈现显著正相关，在形成油菜籽粒的过程中，由植物叶片衰老引起的光合衰退与植株产量密切相关。

二、光照强度对叶片光合作用的影响

光照强度对油菜的光合作用具有重要影响。研究表明，当光照强度较弱时，随光照强度的增加油菜叶片净光合速率迅速增加，当光照强度较高时，光合速率随光照强度的增加缓慢增加，但当光照强度达到一定数值时，光合速率不再增加，甚至降低，即达到油菜叶片的光饱和点。

通过对高含油量品系 ZY817、中等含油量品种中双 9 号和低含油量品系 ZY036 的光合特性研究发现，当外界或给定 CO_2 浓度约为 $360\mu mol/mol$ 时，一般油菜的光饱和点在有效辐射为 $600\sim900\mu mol/(m^2 \cdot s)$ 时，但不同品种的光饱和点不同（图 2 - 1）。在同等光照条件下，不同油菜品种的 CO_2 响应曲线也不同（图 2 - 2）。但相对于光饱和点而言，油菜叶片的 CO_2 补偿点在不同品种间相对差异较小。当给定光强为 $800\mu mol/(m^2 \cdot s)$ 时，一般油菜叶片的 CO_2 饱和点约为 $800\mu mol/mol$。

油菜叶片光合作用的最适温度为 $20\sim25℃$，而呼吸作用在 $30℃$ 时最旺盛。但一些研究表明，与大多数 C_3 植物一样，油菜叶片光合速率也会随着环境及气象因子的日变化在一天中不断变化，一些研究者认为油菜叶片也存在光合"午休"现象。即在高温、高光强条件下，油菜叶片存在着明显的光合"午休"现象，净光合速率日变化呈双峰曲线，10：00 左右和 15：00 左右分别出现

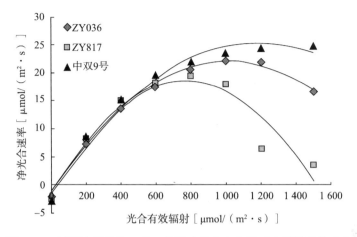

图 2-1　不同油菜品种（系）苗期叶片光合作用对光照强度的响应
CO_2 浓度为 $360\mu mol/mol$

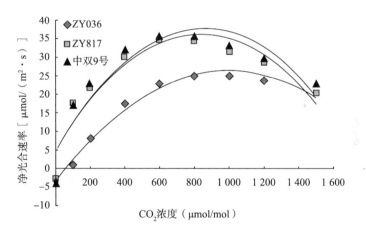

图 2-2　不同油菜品种（系）苗期叶片光合作用对 CO_2 浓度的响应
光强为 $800\mu mol（m^2 \cdot s）$

2 个峰值，且表现出上午高、下午低的光合日变化现象，下午叶片的净光合速率明显低于上午，上午的净光合速率峰值大于下午的峰值，一个低谷值出现在 13：00 左右（图 2-3）。蒋菊芳等（2012）也得到了类似的结果。胡会庆等（1998）的研究结果表明，在高光强条件下（10：00～15：00 时），产量较高的杂交品种华杂 2 号和华杂 3 号的净光合速率明显高于产量较低的常规品种华黄 1 号和中油 821；光强较低时（8：00 左右和 16：00 左右），二者之间的净光合速率没有明显的差异，因此推测，杂交油菜在光照较强的条件下能有效地利用太阳辐射进行光合作用可能是杂交油菜获得高产的一个重要原因。他们认为出现这种光合"午休"现象的原因是由内因和外因共同作用的结果，即一方面油菜本身存在这种类似于光合"午休"的生物节律，另一方面外界环境条件也会诱导这种生物节律的产生。也有研究认为，外界气象环境因子如光强、温度以及湿度等条件在一天中发生的有规律的变化是导致油菜光合速率形成光合"午休"现象的根本原因。

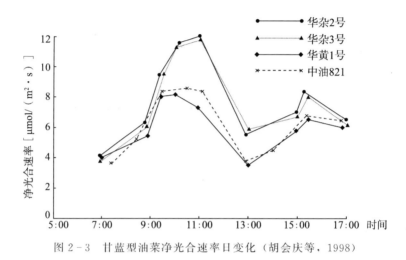

图 2-3　甘蓝型油菜净光合速率日变化（胡会庆等，1998）

巨霞（2012）比较了不同类型油菜（白菜型、芥菜型和甘蓝型）的光合速率日变化，结果表明不同类型油菜苗期无光合"午休"现象，但不同类型油菜光合速率峰值在一天中出现的时间不同，如青海芥菜型油菜的光合速率峰值出现在 10：30，而其他类型油菜品种光合速率峰值出现在 12：30，然后又急剧下降。赵小光等（2013）研究认为，晴天净光合速率、气孔导度和蒸腾速率日变化都表现为双峰曲线，并出现光合"午休"现象，而阴天则都表现为单峰曲线；在晴天出现光合"午休"主要是气孔因素引起的，而在阴天由于光强和温度较低，所以不会发生光合"午休"。通过相关性分析后认为，净光合速率产生日变化主要由光合有效辐射引起的，薹期和花期的光合"午休"是气孔因素引起的，而在角果期则是气孔和非气孔因素共同作用的结果（赵小光等，2013）。

第三节　角果光合作用与产量间的关系

在油菜光合特性研究中，非叶器官光合作用，特别是油菜角果光合特性研究也是当前研究的一个热点。角果是库，也是重要的源。油菜成熟期间主要靠绿色角果进行光合作用。角果光合作用对产量的贡献已被越来越多的学者所重视。据估计，油菜籽粒中有 70%～100% 的同化物是由角果提供。

一、角果对光合作用产物的贡献

油菜角果的光合特性与叶片光合特性的不同之处主要表现在：较高的光饱和点、较低的光补偿点和较长的高效光合持续期。大量证据也已经证明，油菜角果光合作用对籽粒产量的贡献甚至超过了叶片。稻永忍等（1981）的测定结果表明，油菜开花初期叶面积占单株光合面积的 73%，茎皮面积占 27%；至结实中期，角果皮表面积占单株光合面积的 65%，茎皮面积占 35%。李纯等（1988）认为角果皮的光合作用无论在角果形成期或籽粒充实期都是旺盛的，对产量都具有重要作用。中国科学院上海植物生理研究所的去叶遮光试验证明，油菜籽粒的灌浆物质中角果皮的光合产物占 40%，茎的绿色面积光合产物占 20%，体内储藏物质占 40%。稻永忍等（1981）通过对角果碳素代谢的测定结果表明，光合产物在角果的增重物质约占其自身重量的 70%。冷锁虎和朱耕如（1992）采用环割果柄和对角果遮光两种不同的方法，均得出"籽粒的灌浆物质中有 2/3 来自角果的光合产物"的结论。凌启鸿等（1999）研究结果表明，花后油菜角果光合能力对干物质积累和产量影响明显。周可金等（2009）认为角果皮光合功能强的品种能有效促进籽粒的灌浆，增加光合产物，提高单位面积的产量和含油量。Hua 等（2012）也发现，角果皮光合作用与籽粒含油率关系密切。从以上分析不难看出，角果皮光合对产量的贡献远超叶片但仅占油菜生育周期 1/5 甚至 1/6 时间的角果如何能对产量产生如此之大的原因目前仍然不清楚，是否由于其具有较高的光合效率或是具有就近的营养运输通道，仍是目前争论的焦点。

二、角果光合速率的变化

稻永忍等（1979）比较了油菜不同光合器官如叶片、茎秆及角果的光合作用效率。结果表明，初花期，茎秆的光合速率和呼吸速率均比叶片高；到结实中期，茎秆的光合速率和呼吸速率比前期明显下降，角果的光合速率和呼吸速率分别较茎干高 41.2% 和 177.8%。有研究结果表明，开花后油菜不同部叶片光合功能最多维持 15～20d，20d 后油菜光合作用基本完全被角果代替（赵懿，2006）。巨霞（2012）也通过测定不同器官光合速率后认为，到盛花期时，油菜主要的光合器官已从叶片慢慢转向角果，但他们的测定结果表明，角果皮光合速率小于叶片。研究表明，不同油菜品种间角果光合速率也存在差异。张耀文等（2008）的测定结果表明，不同甘蓝型油菜品种间存在一定差异。周可金等（2009）认为不同品种的角果皮净光合速率存在差异，但这种差异主要表现在角果发育后期，表现出中晚熟杂交品种高于早熟杂交品种、杂交种高于常规种的趋势。张耀文等（2012）研究发现油菜保持系与不育系之间在叶片的光合气体交换参数上无差异，但在角果期保持系角果皮的净光合速率、蒸腾速率和气孔导度明显高于不育系。同一品种主茎和分枝上的角果光合速率无明显差别，但上部角果光合速率高于下部（赵懿，2006）。

根据中国农业科学院油料作物研究所 2006—2007 年试验结果，与叶片光合作用类似，油菜角果光合也存在明显的光合"午休"现象（图 2-4）。张耀文等（2008）研究表明，油菜角果净光合速率（P_n）的日变化呈"双峰"曲线，角果日变化的第 1 峰出现在 11：00，峰值较高；第 2 峰出现在 16：00，峰值较低，第 1 峰值平均比第 2 峰值高约 40%。他们认为，角果皮光合"午休"产生的原因主要是由于气孔因素限制。赵懿（2006）提出了角果日光合速率的"三峰曲线"日变化形式。即在光合"午休"途中又出现峰值，使角果光合速率日变化出现三升三降现象。第一峰出现在 9：00～10：00，第二峰出现在 12：00～13：00，第三峰则出现在 15：00～16：00。其中，中午和下午的峰值比上午的峰值低约 40% 和 25%。他们认为出现这种光合"午休"现象的原因是光强过高引起了光抑制。

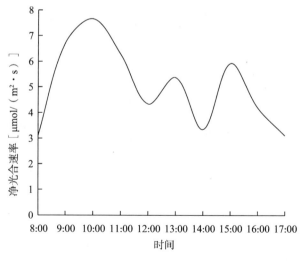

图 2-4　角果光合速率日变化

　　日出后，油菜角果的蒸腾速率随温度的升高逐渐升高（图 2-5），到 13：00时出现峰值，随后有下降的趋势。细胞间 CO_2 浓度日变化与光合速率日变化相反（图 2-6），随光合速率的降低而升高。角果皮温度的变化呈先升高后降低的现象，峰值出现在 13：00 时（图 2-7）。光合有效辐射日进程出现先升高后下降的现象，并且高值维持较长时间。相对湿度的日变化同样出现了先升高后下降的现象，但变化不显著。

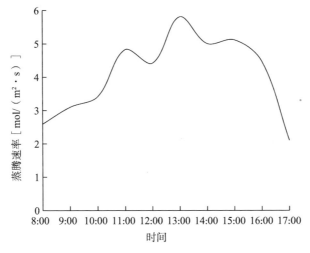

图 2-5　角果蒸腾速率日变化

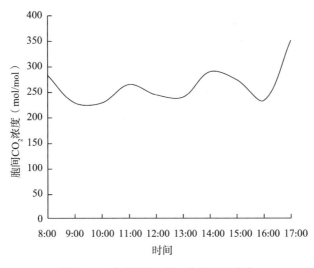

图 2-6　角果胞间 CO_2 浓度的日变化

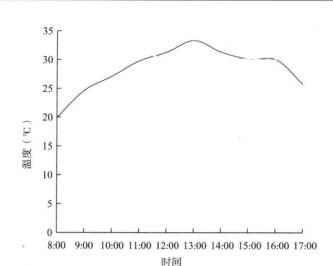

图 2-7　角果皮温度日变化

第四节　光合速率与主要农艺性状及生理生化指标间的关系

一、光合速率与生物学性状之间的关系

研究表明，光合速率与植株形态结构间存在一定的相关关系。叶片颜色、叶片大小、叶片厚度、叶片栅栏组织和海绵组织细胞数目及长度、叶片与茎秆夹角、气孔密度、叶绿体基粒片层分布、株型等均可能影响作物光合速率的大小。袁江等（2009）认为，叶片直、挺且较厚的水稻品种具有较高的叶片光合效率。但薛香等（2007）研究表明小麦旗叶角度和长度均与光合速率的相关性不显著，但旗叶宽度与光合速率（P_n）呈显著相关。张荣铣等（1986）比较不同光效基因型大豆品种叶片净光合速率时发现，光合速率间的差异与比叶重、叶厚度、栅栏细胞形状有关。张桂茹等（2002）对不同品种大豆叶片进行解剖学分析发现，叶片厚度、栅栏组织数目、叶绿体数目、气孔数量以及木质部导管数目均是高光效品种高于低光效品种。高光效品种与低光效品种相比，气孔大小基本一致，但数量较多。赵秀琴等（2003）在水稻上的研究结果也表明，光合速率与气孔密度极显著相关。但陶汉之（1992）研究 4 种甘蓝型油菜不同部位叶片净光合速率与比叶重和上、下表皮气孔数量比的关系表明，从叶

片腹面或背面照光的叶片净光合率与比叶重呈显著正相关，4 种甘蓝型油菜叶净光合率与叶上、下表皮气孔数量比之间无显著正相关的关系。梁颖和李加纳（2004）研究表明，阴天光合速率较高的油菜品种比叶重小。张丽（2004）认为气孔特性的改善对光合速率的提高有至关重要的影响，优良的气孔特性表现为气孔较大、单位面积气孔数少。王义芹等（2008）对小麦旗叶光合速率、叶面积与生物产量和经济产量之间的相关性研究结果表明，小麦旗叶净光合速率与旗叶面积的乘积与生物产量和经济产量之间呈显著正相关。肖华贵等（2013b）认为油菜黄化突变体叶片叶绿体结构发育异常，基粒和基粒片层数的减少致使叶绿素含量过低是其光合速率较低的主要原因。李卫芳和张明农（1997）认为白菜型油菜比甘蓝型光合速率高的原因是叶肉细胞小，比表面积大。

二、光合速率与光合生理指标间的关系

随着光合性状测定仪器的不断改进，光合速率与气孔导度、水分利用效率等光合生理指标进行相关性的研究成为热点。气孔是限制光合作用的重要因子。大量研究结果表明，气孔导度与光合速率关系密切。游明安等（1995）认为光合速率与气孔导度存在明显关系，但不同的研究结果并不一致。赵秀琴（2003）认为，通过提高气孔导度可以改善作物的光合作用。张咪咪等（2012）的研究结果表明，小麦光合速率与气孔导度和蒸腾速率显著相关。项超等（2013）以 43 个小麦品种为材料的研究发现，旗叶净光合速率与气孔导度在抽穗期相关程度低，而在扬花期、灌浆期旗叶净光合速率与气孔导度呈显著正相关。而 Sceor 等（1984）的研究未发现光合速率变化与气孔导度的关系。张泽斌等（2009）以油菜黄化突变体为材料的研究结果表明，黄化突变体油菜的净光合速率在不同生育期均显著低于野生型，但与野生型相比，胞间 CO_2 浓度和气孔导度无显著差异，这说明净光合速率与叶绿素含量关系最大。Robert和 Daniel（1983）研究了棉花光合速率与气孔导度之间的关系，结果表明叶片光合速率与气孔导度间呈二次抛物线的相关关系，光合速率的顶点对应的气孔导度值为 $0.3mol/(m^2 \cdot s)$。许多研究结果表明，胞间 CO_2 浓度与光合速率关系不显著。但巨霞（2013）研究表明，油菜苗期净光合速率与胞间 CO_2 浓度呈显著负相关，盛花期的净光合速率与蒸腾速率、胞间 CO_2 浓度和气孔导度呈正相关，且与气孔导度的相关系数最大。Burn 和 Cooper（1967）认为，CO_2 的扩散能力严重限制了叶片光合作用。但李大勇等（2007）比较新老大豆品种叶片光合特性后发现，新品种比老品种净光合速率增加 17.3%，而胞

间 CO₂ 浓度却低于老品种。Fischer 等 (1998) 和 Jiang 等 (2003) 均认为水分利用效率 (WUE) 对净光合速率影响较大，且与叶片的抗衰老能力关系密切，即叶片绿色时间保持越长，水分利用率越高。韩俊梅 (2013) 认为大豆净光合速率在苗期与蒸腾速率呈显著正相关，在结荚期与水分利用率呈显著正相关。赵小光等 (2013) 研究表明，净光合速率与气孔导度和蒸腾速率均呈极显著正相关。陈展宇等 (2012) 研究表明，旱稻品种叶片的净光合速率与气孔导度、水分利用效率呈显著正相关。

三、光合速率与叶绿素之间的关系

叶绿体是植物进行光合作用的主要场所。作为植物光合系统中的核心成分——叶绿素对于植物光合作用的影响无疑是非常重要的。一般认为，叶绿素含量的变化能够直接影响植物的光合作用效率，在光合作用中占有非常重要地位。但在光合速率与叶绿素之间的相关关系方面，不同研究者间的结论存在一定差异。刘克礼和盛晋华 (1998) 研究表明，不同营养条件下春玉米叶片叶绿素含量与光合速率显著正相关。阳光等 (2009) 通过对不同氮肥水平下 28 个油菜品种苗期叶片叶绿素含量和光合参数的测定表明，不同品种叶片叶绿素含量与净光合速率 (P_n) 呈显著正相关关系。肖华贵等 (2013b) 以黄化突变体油菜为材料研究也认为，叶绿素含量过低是黄化突变体光合速率较低的主要原因。雷振生等 (1996) 对小麦旗叶的研究结果也表明，叶绿素含量与光合速率呈显著正相关。李俊等 (2011) 在研究油菜短柄叶光合速率与其生理生化指标间的关系时发现，油菜光合速率与叶绿素含量之间呈显著正相关关系。张雪洁等 (2013) 研究了磷胁迫条件下油茶幼苗叶片光合速率与叶绿素间的关系，结果表明净光合速率与总叶绿素含量呈正相关，而与叶绿素 a/叶绿素 b 呈负相关。但也有一些研究结果表明，在一些情况下叶绿素含量与光合速率无关。胡颂平等 (2007) 以水稻重组自交系 F9 代群体 195 个株系为材料分析了叶绿素含量与光合速率的相关关系，结果在不同的试验条件下得出了不同的结论，即在正常供水条件下呈极显著正相关，而在干旱条件下未表现出明显的相关关系。陶汉之 (1992) 认为腹面或背面照光的净光合速率与叶绿素含量之间相关性不显著，这可能由于叶绿素含量通常不是叶片光合速率的限制因子。李勇 (2011) 以水稻为材料的研究结果表明，当影响光合速率的其他因素如 RuBP 羧化酶含量、叶绿体发育状态以及类囊体膜蛋白不发生改变时，一定程度的叶绿素含量降低并不能影响光合速率。张荣铣等 (1990) 认为，在叶片不同的光合功能期也可能出现叶绿素含量与光合速率不相关的情况，叶绿素缓降期光合速率与叶绿含量之间相关性不显著，但当叶绿素快速下降时两者之间呈显著正相关关系。一些研究还表明，油菜光合功能变化先于叶绿素含量的下降。这可能是因为叶绿素可能不仅仅只是一种光合色素，其在光合作用中具有一些特殊的重要功能，而且它还是一种内源抗氧化剂，能够在细胞内猝灭活性氧、吸收过剩能量，起到防止膜脂过氧化、保护细胞的作用。

四、光合速率与光合酶和其他生理生化指标的关系

对于 C_3 植物油菜来说，RuBP 羧化酶是其光合碳同化中最重要的关键酶。一方面，它是 CO_2 固定的关键控制酶，直接影响植物的光合作用速率大小；另一方面，它又制约着碳素向卡尔文环与光呼吸环的分流，在作物光合生产和光合遗传的研究中普遍受到重视。对水稻（Makino 等，1985）、小麦（Camp 等，1982）等作物的研究表明，RuBP 羧化酶活性与光合速率显著相关。大豆（Crafs-Brandner 等，1984）、燕麦（Ben-David 等 1983）及番茄（Brado 等，1977）等的研究也表明 RuBP 羧化酶活性与光合速率关系密切。陈展宇等（2012）研究表明，旱稻品种叶片的净光合速率与 RuBP 羧化酶活性呈显著正相关。田红刚等（2008）研究表明，超高产水稻品种生育后期的剑叶光合速率和 RuBP 羧化酶活性均高于常规品种，品种间差异显著。王仁雷等（2001）研究结果表明，RuBP 羧化酶活性与酶含量呈对应关系并与光合速率显著相关。但魏锦城（1994）证实，水稻品种间 RuBP 羧化酶活性差异不大。李俊等（2011）分析结果表明，油菜短柄叶光合速率变化与与 RuBP 羧化酶、可溶性蛋白含量均呈现极显著正相关关系，且 RuBP 羧化酶活性下降的加速期明显先于短柄叶光合速率的变化。梁颖和李加纳（2004）研究发现，在遮阳条件下不耐阴油菜品种的 RuBP 羧化酶活性大幅度降低，而耐阴品种的 RuBP 羧化酶活性保持较高水平。张雪洁等（2013）相关性分析表明，磷胁迫条件下油茶幼苗叶片的 RuBP 羧化酶及 PEP 羧化酶活性与净光合速率呈正相关。但孙彩霞等（2007）以转基因棉花及其亲本为材料的研究结果表明，RuBP 羧化酶活性与光合速率的变化趋势并不相同。王仁雷和魏锦城（1996）认为单从 RuBP 羧化酶这一光合特征值来分析，杂交稻叶片并不存在光合优势。对于光合速率与 RuBP 羧化酶活性间不一致的结果，魏锦城（1994）认为光合速率与 RuBP 羧化酶之间的正相关关系仅仅局限在一定范围内，即当 RuBP 羧化酶活性较低时呈现显著正相关关系，但当 RuBP 羧化酶达到一定水平后光合速率与 RuBP 羧化酶活性之间就不呈正相关关系，即光合速率可能只有在 RuBP 羧化酶初活性时与光合速率呈直线相关。

除目前研究较多的叶绿素和 RuBP 羧化酶外，一些研究还发现其他一些生理生化指标可能与光合速率的变化存在一定关系。李俊等（2011）分析结果表明，油菜短柄叶光合速率变化与可溶性蛋白含量均呈现极显著正相关关系。冯国郡等（2013）选取早中晚熟不同类型高光效种质进行了光合速率与生理生化指标间的相关性分析，结果表明，叶片光合速率（P_n）、气孔导度（G_s）、蒸腾速率（T_r）、总叶绿素、叶绿素 a、叶绿素 b、PEP 羧化酶、总氮、总蛋白均可作为甜高粱高光效育种的生理生化特征性指标。已有的一些研究结果表明，植物体内的保护酶系统如超氧化物歧化酶（SOD）、过氧化物酶（POD）、过氧化氢酶（CAT）以及谷胱甘肽还原酶（GR）等由于其对活性氧的清除均可以起到光保护作用。有研究指出，植物叶片衰老的进程中抗氧化体系活性的降低和膜脂过氧化水平的增加，可能影响到与氮代谢相关的酶及蛋白质合成能力。因此，油菜叶片氧自由基的增加可能间接影响叶片的光合能力。李俊等（2011）分析了油菜叶片光合速率变化与相关生理指标关系，结果发现，SOD 活性与光合速率呈现了显著的二次抛物线相关关系。王荣富等（2003）以水稻为材料的研究结果表明，以超氧化物歧化酶（SOD）为主的植物抗氧化防御系统在其光氧化耐受能力中具有重要作用。但他们的研究结果表明，不同抗氧化酶（如 SOD、POD 和 CAT 等）对强光的响应规律不同，认为这主要是由于不同种酶蛋白对活性氧的敏感性不同而造成的。李俊等（2011）也认为，作为鉴定油菜短柄叶光合速率的特征性指标，SOD 活性可能比 CAT 活性和 MDA 含量更具有代表性。

利用简单的生理生化等指标来评价作物的抗逆、高产等方面的能力，不仅有助于减少品种资源的工作量、节省筛选时间，而且对于进一步探索或明确该性状的生物学机制也具有重要意义。Turner（1986）提出的贡献率理论认为，用一种或几种贡献率相对较大且能够可靠评价的参数来代表众多复杂的性状因子进行评价是可行的。吴艳洪（2006）进行了水稻光合能力的高温稳定性评价指标的研究，筛选到了气孔导度、F_v/F_m 值等可用于水稻高温稳定性育种的简化实用评价指标。孟军等（2001）的研究结果表明，水稻光合速率与叶绿素含量间呈显著的正相关关系。改善气孔特性对于光合作用的提高也具有重要作用。马文波等（2003）和赵秀琴等（2003）研究结果均表明，光合速率与气孔导度和气孔结构之间具有显著正相关关系。同时，由于植物的主要光抑制防御机制是叶黄素循环、光呼吸及活性氧清除机制，其中特别是依赖于叶黄素循环的热耗散能够在强光条件下起到对叶绿体等起有效保护作用。而作为细胞抵御活性氧伤害保护酶系统主要成分的超氧化物歧化酶（SOD）、过氧化物酶（POD）及过氧化氢酶（CAT）等抗氧化酶在阻止活性氧形成、清除活性氧以及延缓植物衰老等方面均起着重要作用。同时，这些保护性酶能够有效防止氧自由基对光合代谢酶等的氧化或脱脂化作用，从而起到保护植物细胞膜结构、维持植物体内活性氧代谢平衡，从而提高植物对逆境胁迫以及功能器官衰退的忍耐或抵抗能力。因此，一些研究认为 SOD、POD、CAT 等保护酶活性对于评价作物光合效率具有重要意义。近年来，随着对 C_4 系统研究的深入，一些研究甚至认为与 C_4 植物光合有关的酶对于一些生物和非生物逆境（如低温、盐害、紫外辐射及机械创伤等）的防御反应起着重要作用，这也解释了 C_4 植物能够在高温、高光强以及低 CO_2 浓度等逆境环境下仍然保持较高的光合作用能力的原因。而且，在 C_4 植物中，其内源活性氧清除酶系统如超氧化物歧化酶（SOD）、过氧化氢酶（CAT）以及过氧化物酶（POD）等能够通过诱导获得较高的酶活性，从而使体内的活性氧自由基得到有效清除，使活性氧积累较少，因而膜脂过氧化产物丙二醛（MDA）产生较少。进一步研究表明，不同转 C_4 基因水稻的光合速率与抗氧化酶活性如超氧化物歧化酶（SOD）和过氧化物酶（POD）呈现了相同的变化趋势。因此，研究油菜高光效性状与光合酶活性以及生理生化体系参数间的关系，筛选油菜高光效的简化实用评价指标，可以为指导油菜栽培措施制订、品种资源和育种后代材料的选择及探索油菜高光效生物学机制提供理论依据。

第五节　光氧化及其防御机制

一般情况下，当外界光强较强时，植物在光合作用过程中就很容易产生过剩的光能，如果这些多余的光能不能通过一些途径得到消除或者缓解，卡尔文循环就可能由于电子拥塞而受阻，进而通过梅勒反应在植物体内形成活性氧。当产生的活性氧不能被及时又有效地清除时，光系统Ⅰ、光系统Ⅱ反应中心就可能受到活性氧的伤害，植物光合速率降低，即产生光抑制。如果光抑制的程度严重，活性氧导致了植物细胞的膜脂过氧化以及叶绿素含量显著降低，叶片黄化，即形成光氧化现象。多数情况下当光强减弱后，植物光合功能可以逐渐恢复。但由于光氧化的伤害较重，对光系统结构和功能的损伤一般需要很长时间才能修复或者甚至很难被修复，因此，光氧化对植物的伤害大多是不可逆的破坏。光氧化损伤是强光甚至中等强光下其他逆境因子损伤作用的一种重要的生理机制。顾和平等（1998）认为，作物的光合效率和经济产量受光氧化影响很大，光氧化是限制作物高产潜力充分发挥的一个重要影响因子。研究表明，即使在没有其他的逆境胁迫条件下，仅仅由于光抑制和光氧化所造成的胁迫也会导致光合速率下降而引起作物产量的下降，据估计，严重时产量下降可达到

10%以上（李宏伟等，2010）。

研究表明，光氧化伤害植物的机理主要是由于强光产生的过剩光能激发如叶绿素等物质到高能状态，这些高能态物质由于活性强且易与细胞内的组分发生反应，从而破坏细胞内结构。同时，过量的激发能还有可能在光合电子传递链的某些部位造成电子传递紊乱，产生一些氧化性或还原性较强的物质，进而攻击细胞的组成成分而造成对细胞的伤害。其中，高能态物质主要由三线态叶绿素（$^3Chl^*$）、单线态氧（$^1O_2$）以及其他活性氧（如 O_2^-、H_2O_2 等）等组成，这也可能是造成植物伤害的主要原因。这些具有潜在伤害作用的活性氧分子及高能态物质主要在光合器官的 3 个部位产生：与 PSⅡ相联系的捕光色素复合体、PSⅡ反应中心和 PSⅠ受体侧。目前，普遍的观点认为光氧化伤害的主要靶位是 PSⅡ，而 QB 蛋白的降解只是光氧化的一个结果。到目前为止，虽然对于光氧化伤害的机理研究较多，也基本明确了光氧化伤害的主要部位，但其精确机制仍不清楚。

在植物的进化过程中，其光合器官在环境条件的影响下也进化出了各种保护机制以减少或消除强光对其可能造成的各种潜在伤害。彭姣凤和张磊（2000）认为，强光下产生的过剩激发能是导致光氧化伤害的根本原因，因此，防止光氧化首先是解决过量激发能的耗散问题，其次是活性氧的清除机制。过量光能耗散主要包括 3 种方式：围绕 PSⅡ的电子循环；与类囊体膜的能量化和叶黄素循环有关的热耗散；与 PSⅡ反应中心异质化及 D1 蛋白损伤修复有关的能量耗散。活性氧清除机制主要包括超氧化物歧化酶（SOD）和抗坏血酸-过氧化物酶（Asb-POD）清除系统、非酶促性的活性氧清除系统。在强光条件下，植物在长期进化过程中的光合电子传递主要形成了 3 种途径来降低光氧化对光合器官的伤害：光呼吸、H_2O-H_2O 循环和环式电子传递。

目前，也已发现抗氧化类物质如类胡萝卜素、谷胱甘肽、抗坏血酸、抗氧化酶如超氧化物歧化酶、过氧化物酶、过氧化氢酶、抗坏血酸过氧化酶等都能有效地清除活性氧，避免光合机构受到光氧化伤害，形成对强光逆境的耐受性。在光氧化初级阶段类胡萝卜素是担任光合机构的主要角色。它可以有效猝灭三线态叶绿素和清除单线态氧及其他有毒活性氧种，起到保护光合器官的作用。随着光氧化的持续进行，活性氧清除系统中的超氧化物歧化酶（SOD）和抗坏血酸-过氧化物酶（Asb-POD）开始发挥作用，并在保护光合器官过程中逐渐处于核心地位。研究表明，SOD 活性在光氧化初期上升较慢，至后期才迅速上升。在光氧化条件下，O_2^- 的产生伴随着 SOD 活性的增加，但不同品种的 SOD 诱导的活性不同，一般耐光氧化品种的 SOD 活性往往比敏感品种高。叶绿体中在 SOD 催化下生成的 H_2O_2 主要是通过抗坏血酸-过氧化物酶系统来清除的。大量研究表明，一些内源的小分子物质在活性氧清除中也起着非常重要的作用，如谷胱甘肽和抗坏血酸与 H_2O_2 的清除有关；质醌和胡萝卜素能与 O_2^- 的消除有关；不饱和脂肪酸、金属复合物、硫化物、胡萝卜素和维生素 E 均与 $^1O_2$ 的消除有一定关系。

彭长连等（1998）研究指出，C_3 植物花生和 C_4 植物高粱对光氧化的响应可能存在不同的机制。不同作物、不同品种间光氧化响也存在差异。叶绿素含量的降低是最为直观的表现，也是作物光氧化耐性的评价指标之一。欧志英等（2004）研究结果表明，光氧化导致电解质渗漏率增加，膜脂过氧化加剧，PSⅡ活性降低及叶绿素荧光猝灭，抗光氧化保护酶 SOD 和 APX 活性增加。但耐光氧化品种在光氧化条件下仍能维持较高的光合放氧能力、PSⅡ活性和叶绿素荧光猝灭系数。李霞等（1999）研究表明，光氧化下耐性水稻品种PSⅠ光化学效率和光合酶活性较稳定，且 C_4 光合酶活性诱导增加是光合抑制和叶绿素衰减较少重要原因。顾和平等（1998）认为，大豆的抗光氧化性和抗旱性有着较高的相关性。董连生（2012）研究发现，小麦光氧化耐性指数与盛花期和灌浆期的旗叶叶绿素含量以及千粒重、籽粒密度呈显著相关。目前，光氧化研究在水稻、小麦、大豆、棉花等作物中研究较多，但油菜上的研究还相对较少。黄俊等（2006）曾采用人工光氧化方法对 30 个常见白菜进行了耐光氧化能力的资源评价。他们发现耐性品种在光氧化条件下抗氧化酶 SOD、POD、CAT、APX 活性受光氧化诱导升高，但敏感性品种的酶活性很快下降，植株内较高的抗氧化酶活性对提高耐光氧化能力起了重要作用。

对植物光氧化的遗传研究早在 20 世纪 50 年代就已开始。对光氧化耐受性的遗传研究主要集中在水稻、小麦、拟南芥等一些植物上。陈志雄等（2002）研究结果表明，水稻耐光氧化反应特性是一遗传性状，受加性效应和显性效应基因共同控制，其中加性效应基因作用更强，遗传率较高。王荣富等（2003）认为，光氧化逆境胁迫的伤害是由于活性氧的产生所致，选择耐光氧化强的品种作亲本可组配出耐光氧化强的杂种后代。欧志英等（2004）认为子代超高产水稻耐光氧化的特性主要受母本的遗传控制，提出杂交水稻育种应选择耐光氧化的母本作为超高产水稻育种材料。但光合光抑制特性是涉及光能吸收、电子传递、CO_2 同化的核质控制的复杂过程。焦德茂等（1994）认为，父母本双方核质控制能力决定 F_1 代的光抑制表现。因为，其中对光抑制敏感的 PSⅡ上的 D1 蛋白为叶绿体基因编码，是母性遗传。陈以峰等（1997）也观察到耐光氧化变异体具有遗传稳定性。陈志雄等（2002）进一步提出通过远缘杂交，可以提高作物的光合速率、二氧化碳的羧化能力及改善作物的抗光氧化逆境胁迫的能力。远缘杂交的后代表现出比较强的抗光氧化能力，所以远缘杂交是引入外源优良基因、改良光氧化耐性的一个有效手段。对于油菜光氧化性来说，目前还未见相关遗传特性的报道。

第六节　C₃植物中的C₄途径

在高等植物中，光合碳同化主要有 3 种类型：C_3 途径、C_4 途径和景天酸代谢（CAM）途径。大多数植物系 C_3 植物。以前一直认为 C_3 植物中一般不存在 C_4 酶或 C_4 途径。但随着人们对 C_3 和 C_4 途径研究的日益深入，人们逐渐开始证明 C_3 植物中 C_4 途径的存在。Duffus 和 Rosie（1973）发现 C_3 植物大麦颖片中的 PEPC 酶活性和含量显著高于叶片，而 PEPC 酶是 C_4 途径中重要的关键酶，因此，他们提出在 C_3 植物中可能有 C_4 途径的存在。Imaizumi 等（1997）发现水稻外稃中可能存在 C_4 途径，而且这种 C_4 酸代谢与 C_4 植物类似也是光依赖性的。李卫华等（1999）认为无茎粟米草中可能同时存在 C_3 和 C_4 途径，嫩叶属于 C_3 途径，老叶属于 C_4 途径，而中部叶属于中间类型。Blanke & Lenz（1989）认为，一些含有叶绿素的非叶组织和器官也具有光合作用，并因此提出果实光合作用的概念。此后关于结实器官的光合特性研究开始在国内外开展，也发现果实光合特性与叶片光合特性间有许多不同，即果实光合作用具有较高的光饱和点、较低的光补偿点和较长的高值光合持续期。许多学者研究也认为，大豆豆荚、小麦颖果皮中可能确实存在 C_4 或 $C_3 - C_4$ 中间型的碳同化途径。因此，很多学者认为，研究 C_3 植物中可能存在的 C_4 途径，提高 C_3 植物中 C_4 途径酶活性并明确其调控机制，筛选和创制具有高活性表达的 C_4 碳同化途径的品系对于提高 C_3 植物光合效率具有重要意义。

在油菜上，目前关于其非叶器官光合特性的深入研究特别是机理性研究还较少。赵懿（2006）和张耀文等（2008）曾对油菜角果光合日变化进行了研究，发现与油菜叶片的光合日变化相比，角果光合速率一天中的峰值出现的时间明显晚于叶片，而且与叶片相比，角果具有耐高温和耐高光强的特性，因此，他们认为油菜角果皮中可能存在 C_4 途径。Singal 等（1995）也在油菜角果皮中发现了具有一定活性的 PEPC 酶的存在。Gammelvind 等（1996）认为，油菜角果皮光合特性很显然与叶片存在不同，这种光合特性不同的原因很可能是由于角果皮中存在具有一定活性的 C_4 途径酶或类似 C_4 途径的微循环。他们建议，应努力寻找诱导油菜角果皮中 C_4 途径酶和类似 C_4 同化途径微循环高效表达的方法，从而大幅提高油菜光合作用效率，使一直以来困扰油菜产量潜力停滞不前的瓶颈得到突破。

多年来人们一直希望通过杂交育种或分子生物学的方法将 C_4 植物同化

CO_2 的高效特性转移到 C_3 植物中去，以提高 C_3 作物光合作用效率，进而实现籽粒产量（或生物产量）的大幅提高，但目前所获得的结果还不理想。研究表明，自然界中 C_4 植物是由 C_3 植物进化而来。Kellogg（1999）的进一步研究结果表明，被子植物中每一科属的 C_4 途径都是在环境条件影响下各自互不干扰的独立进化完成的，即目前自然界中 C_3 途径向 C_4 途径的转变是一种多源进化。龚春梅（2007）认为这种多源进化的特点说明，由环境诱导的 C_3 途径向 C_4 途径的转变可能相对容易。Hibberd 等（2008）的研究结果也表明，C_3 植物和 C_4 植物在光合特征及碳同化特性上具有很大的可塑性。王玉民（2011）认为，通过环境因子（如高温、干旱、低 CO_2 等逆境）的诱导可以实现 C_3 植物中 C_4 同化途径的高效表达。徐晓玲等（2001）研究表明小麦开花后 10d 进行热胁迫 3d 后各器官的 PEPC 酶活性明显提高。那青松（2006）在研究大豆幼苗光合特性时发现，高温、干旱条件能够诱导大豆叶片中 PEPC 酶活性比正常条件提高约 1.2 倍。Biehler 和 Fock（1996）研究认为，在植物可能遭受的强光、极端温度、盐胁迫以及水分亏缺等各种环境因子所引起的所有胁迫中，水分亏缺是影响干旱地区植物生长发育和生理代谢改变的最主要的因子。但 Sage（2004）认为，任何增强光呼吸的环境因子都可能诱导 C_4 同化途径的产生或增强。因此，C_4 途径的进化规律以及前人关于逆境对于碳同化途径诱导的试验结果表明，通过高温、干旱等方式可能是诱导 C_3 作物中 C_4 途径或 C_4 循环的一个有效方式。

第三章　油菜光合特性与产量的关系研究

　　光合速率是反映光合作用强弱的一项重要指标，但迄今为止，产量与光合速率之间的关系仍然不明确。早在 20 世纪 70 年代，人们就提出了高光效育种的设想，但并没有获得预期的结果。一些专家认为，在作物叶片光合速率与其产量或生产力之间没有稳定的相关性。越来越多的研究者认为，光合速率与产量之间存在某种内在联系。Fischer 等（1998）认为春小麦产量与气孔导度和光合速率呈极显著相关。Reynolds 等（2000）报道，小麦孕穗期、花期和灌浆期光合速率均与产量呈显著相关。韩俊梅等（2013）认为结荚期大豆叶片净光合速率与产量呈显著正相关。Zheng 等（2011）认为，小麦花后 10d、20d 和 30d 的光合速率均与产量呈显著或极显著相关。目前，经过对作物的不同增产途径进行了认真总结和分析后，一些专家学者开始认为，提高作物光合效率可能是未来突破产量瓶颈的重要途径。因此，明确光合速率与产量之间的关系对于明确高光效育种的方向至关重要。

　　在育种材料选择或高光效栽培技术改进上，董建力等（2001）认为在明确不同光合性状与产量及产量构成因子之间关系的同时，还应找出高光效育种中行之有效的光合性状指标，即必须明确作物光合特性与产量品质相关性状以及生物学表现之间的相关关系。实际上，我国育种学家在大豆、水稻、小麦等育种工作中，通过改变作物形态特征或产量表现等生理功能，已经选育出一批高光效品种（系），实现了产量与光合速率两者同步提高。在油菜上目前还局限于少数几个品种的光合速率与产量特性研究，光合速率与生物学性状及产量和产量构成因子之间的关系还不明确。因此，作者设计了一个试验，选择了不同年份选育的油菜主栽品种为材料，研究光合生理特性以及产量、品质等相关性状的变化趋势，并通过主成分分析和相关性分析，探讨不同生育期光合速率与产量、产量构成因子以及品质之间的相关关系，以期阐明光合速率与产量之间的关系，明确高光效油菜品种的生物学特征性状，从而为高光效品种筛选提供理论依据。

　　试验于 2010 年在湖南农业大学试验基地（东经 113°08′，北纬 28°18′）进行。有效积温为 2 820℃，年平均降水量 561mm，年平均温度 4.3℃。供试品种选择了自 1987 年以来 21 年间长江流域生产上主推的 14 个油菜品种，如

表 3 - 1 所示。于 2010 年 9 月 28 日播种。播种量为 3.0kg/hm²，出苗后 3 叶期定苗，病虫草害等其他田间管理措施同常规。本试验采用完全随机区组试验设计，3 次重复，密度 15 万株/hm²，小区面积为 30m²。

表 3 - 1　实验材料信息

编号	品种	育成年份	品种类型	选育单位
ZY821	中油 821	1987	常规种	中国农业科学院油料作物研究所
ZS2	中双 2 号	1990	常规种	中国农业科学院油料作物研究所
HZ3	华杂 3 号	1994	杂交种	华中农业大学
XY15	湘油 15	1997	常规种	湖南农业大学
ZS7	中双 7 号	1998	常规种	中国农业科学院油料作物研究所
ZYZ2	中油杂 2 号	2000	杂交种	中国农业科学院油料作物研究所
HYZ5	华油杂 5 号	2002	杂交种	华中农业大学
ZYZ8	中油杂 8 号	2003	杂交种	中国农业科学院油料作物研究所
FY701	丰油 701	2004	常规种	湖南省农科院作物研究所
ZS9	中双 9 号	2005	常规种	中国农业科学院油料作物研究所
ZYZ12	中油杂 12	2006	杂交种	中国农业科学院油料作物研究所
ZY98D	中油 98D	2007	常规种	中国农业科学院油料作物研究所
ZS11	中双 11	2008	常规种	中国农业科学院油料作物研究所
DD55	大地 55	2009	常规种	中国农业科学院油料作物研究所

第一节　不同油菜品种不同生育期的光合特性

一、不同油菜品种净光合速率（P_n）和气孔导度（G_s）比较

由图 3 - 1（a）可以看出，苗期不同年份品种间净光合速率在 18.24～22.41μmol/（m²·s），其中，中油 98D、中油杂 8 号和大地 55 的净光合速率较高，均达到 21.5μmol/（m²·s）以上；中油杂 12、中双 11 和华杂 3 号的光合速率较低，P_n 均在 18.5μmol/（m²·s）以下。光合速率最高的品种中油 98D 比最低的品种中油杂 12 高 23%。

蕾薹期不同品种间光合速率的差异开始扩大。由图 3 - 1（b）可以看出，中油 98D 和大地 55 的光合速率相对较高，分别达到 21.3μmol/（m²·s）和 20.9μmol/（m²·s）；中油 821 和中双 11 的光合速率相对较低，分别为

17.0μmol/(m² · s) 和 17.6μmol/(m² · s)。蕾薹期光合速率最高的品种中油98D 比最低的品种中油821高约26%。

不同品种光合速率在花期均下降，但品种间的差异进一步扩大。由图3-1（c）可以看出，花期光合速率仍以中油98D 最高，比光合速率最低的品种华杂3号高91%。

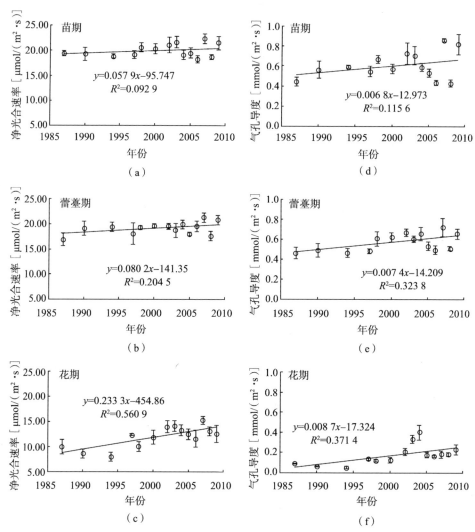

图 3-1　不同油菜品种光合速率（P_n）和气孔导度（G_s）的比较

注：油菜品种以各自的育成年份表示。各品种的育成年份详见表3-1。

气孔导度与光合速率密切相关，较大的气孔导度有利于维持较高的光合速率。与光合速率类似，不同品种间气孔导度（G_s）也存在较大差异，且花期不同品种的气孔导度均低于苗期和蕾薹期。由图 3 - 1 （d）可以看出，苗期和蕾薹期气孔导度最大的品种均为中油 98D，花期则以丰油 701 的气孔导度最大。苗期、蕾薹期和花期气孔导度最小的品种分别为中双 11、中油 821 和华杂 3 号，分别比气孔导度最大的油菜品种低 49.9%、36.0% 和 87.5%。

同时，由图 3 - 1 （a）～（c）也可以看出，随着品种育成年份的推迟，叶片净光合速率和气孔导度均呈现增长趋势，二者的相关系数在花期达到最大，分别为 0.75 和 0.61，分别达到极显著性水平和显著性水平。从蕾薹期到花期是油菜生殖生长花芽分化的关键时期，与籽粒库形成密切相关，此时充足的光合产物供应，不仅有利于叶面积的形成，而且有利于形成较大的"库"潜力。

二、不同油菜品种蒸腾速率（T_r）和水分利用效率（WUE）比较

从图 3 - 2 （a）可以看出，不同年份品种间蒸腾速率（T_r）存在一定差异。苗期和蕾薹期以中油 98D 和中双 10 号蒸腾速率较高，以中双 11 蒸腾速率较低；到花期时，不同品种间蒸腾速率明显低于苗期和蕾薹期，这可能与花期气温较高，气孔开度受控有关。花期蒸腾速率以中油杂 8 号和丰油 701 较高，蒸腾速率分别为 1.6mol/（m² • s）和 1.4mol/（m² • s）；以华杂 3 号和华双 4 号的蒸腾速率较低，分别为 0.3mol/（m² • s）和 0.4mol/（m² • s）。

水分利用效率是反映植物生长中能量转化效率的重要指标。苗期不同年份品种的水分利用效率在 4.2～6.0μmol/mmol，其中 WUE 较高的品种为中油 821 和中双 11，较低的品种为华杂 3 号和中双 10 号［图 3 - 2 （d）］；到蕾薹期，品种间水分利用效率的差异缩小，变异范围为 4.4～5.0μmol/mmol，华杂 3 号和中双 7 号的水分利用效率较高，中油 98D 和中油杂 8 号的蕾薹期水分利用效率较低［图 3 - 2 （e）］。花期不同品种的水分利用效率均显著高于苗期和蕾薹期，品种间的差异也增大，变异范围为 9.3～24.2μmol/mmol。花期 WUE 较高的品种有华杂 3 号和中双 2 号，较低的品种主要是中油杂 8 号和丰油 701［图 3 - 2 （f）］。

图 3 - 2 中还可以看出，品种的蒸腾速率随品种的育成时间增加呈现增长（正相关）趋势，而水分利用效率则随其育成时间增加呈现负增长（负相关）趋势，且从不同生育期来看，以花期的相关系数最高，分别达 0.67（$P <$ 0.01）和 0.65（$P < 0.05$）。

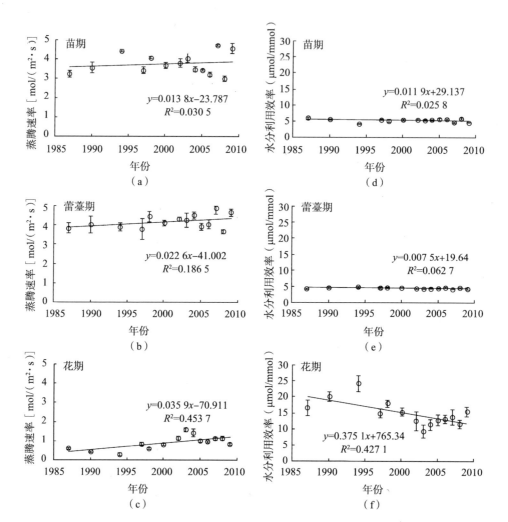

图 3-2 不同油菜品种蒸腾速率（T_r）和水分利用效率（WUE）的比较

注：油菜品种以各自的育成年份表示。各品种的育成年份详见表 3-1。

三、不同油菜品种胞间 CO_2 浓度(C_i)和气孔限制值(L_s) 比较

从图 3-3 可以看出，苗期不同品种间胞间 CO_2 浓度（C_i）在 195.4（大地 55）～220.1μmol/mol（中油 821）之间；蕾薹期不同品种间的胞间 CO_2 浓度变异幅度与苗期基本一致，在 200.8（华杂 3 号）～218.2μmol/mol（华油杂 5 号）之间；花期时不同品种间的变异幅度明显增大，变异范围为 187.1～

313.4μmol/mol，C_i较高的是中油杂 8 号和丰油 701，较低的品种为中双 2 号和华杂 3 号。从苗期到花期，不同品种胞间 CO_2 浓度与品种推出时间均呈现一定程度的正相关。相关性分析结果表明，胞间 CO_2 浓度与品种推出时间的相关性以花期最大（$r=0.62$），斜率达 3.26。

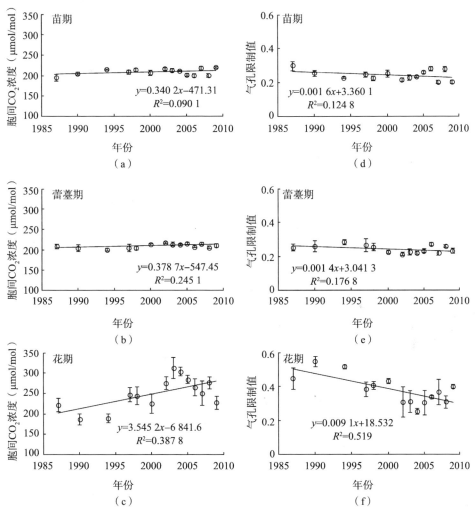

图 3-3 不同油菜品种胞间 CO_2 浓度（C_i）和气孔限制值（L_s）的变化

注：油菜品种以各自的育成年份表示。各品种的育成年份详见表 3-1。

从图 3-3（d）和图 3-3（f）可以看出，苗期和蕾薹期不同品种间的气孔限制值（L_s）差异均不大，分别在 0.20～0.30 和 0.21～0.29。花期不同品种间气孔限制值比苗期和蕾薹期显著增大，品种间的差异也较大，变异范围为

$0.25\sim0.55$，其中 L_s 较大的品种有中双 2 号和华杂 3 号，较小的品种有丰油701 和中双 9 号。

相关性分析结果表明，胞间 CO_2 浓度（C_i）与品种的育成年份呈现正相关趋势，而气孔限制值则与年份呈现一定的负相关关系，且这种相关性均以花期的相关关系最大。结合图 3 - 3（a）～（c）胞间 CO_2 浓度与品种推出时间的变化关系，说明油菜品种的光合速率限制因素主要为非气孔因素。

第二节　不同油菜品种生物学性状、产量及品质比较

从表 3 - 2 可以看出，在不同的生育期，油菜品种间 SPAD、生物量、含水率等均存在显著差异，苗期和花期的生物量差异较大。苗期鲜重和干重最大的是中双 2 号和华杂 3 号，分别达到 985.9g/株 和 217.5g/株，鲜重和干重最小的均为中油 98D，分别为 527.5g/株 和 74.5g/株；花期干、鲜重最大的均是华杂 3 号，分别为 330.6g/株 和 1 677.2g/株，而干鲜重最小的也均为中油98D，仅为 827.1g/株 和 134.9g/株。从含水率来看，苗期华杂 3 号的含水率最低，仅为 76.6%，含水率最高的为 86.9%；花期含水率最低的为中双 2 号，植株含水率为 78.8%，含水率最高的为湘油 15 和大地 55，含水率均达到到了84.4%（图 3 - 4）。与植株干鲜重和含水率等指标相比，不同品种间 SPAD 差异相对较小，苗期和花期不同品种 SPAD 变异范围分别为 41.4（中双 11）～47.8（中油 821）和 40.2（中双 7 号）～41.4（中双 11），不同品种之间差异均未达到显著水平（$P>0.05$）。

表 3 - 2　不同油菜品种不同生育期干鲜重、含水率和 SPAD 比较

品种	苗期				花期			
	SPAD	鲜重 （g/株）	干重 （g/株）	含水率 （%）	SPAD	鲜重 （g/株）	干重 （g/株）	含水率 （%）
ZY821	47.8±2.8	662.7±30.1	113.2±5.6	82.9	45.4±3.1	1 023.8±43.3	176.6±8.9	82.8
ZS2	43.2±2.2	985.9±78.9	167.9±10.6	83.0	47.6±4.5	1 091.0±85.2	231.4±16.5	78.8
HZ3	45.0±2.9	929.0±38.7	217.5±10.3	76.6	42.3±2.4	1 677.2±101.2	330.6±18.8	80.3
XY15	43.7±1.1	662.8±54.7	93.3±8.1	85.9	41.9±2.2	1 413.4±69.8	221.1±10.1	84.4
ZS7	43.5±3.3	781.0±73.8	109.8±9.8	85.9	40.2±2.9	1 011.6±87.4	196.3±17.6	80.6
ZYZ2	42.9±3.2	662.7±51.9	113.2±8.9	82.9	43.0±4.1	1 457.6±91.3	268.5±19.7	81.6
HZ5	46.8±4.8	905.7±64.3	130.5±9.0	85.6	45.4±3.3	1 549.2±75.4	297.8±14.5	80.8

（续）

品种	苗期				花期			
	SPAD	鲜重 （g/株）	干重 （g/株）	含水率 （%）	SPAD	鲜重 （g/株）	干重 （g/株）	含水率 （%）
ZYZ8	44.9±3.4	672.8±55.7	105.2±8.6	84.4	43.0±4.2	1 154.6±48.3	242.8±10.7	79.0
FY701	43.2±2.5	873.2±28.5	171.2±6.0	80.4	42.0±2.6	1 012.8±91.6	212.4±16.2	79.0
ZS9	42.6±2.2	961.5±33.0	125.5±5.7	86.9	44.6±3.5	948.8±44.8	194.3±9.4	79.5
ZYZ12	42.7±4.2	782.9±77.2	125.0±11.3	84.0	48.0±3.1	1 110.6±67.1	221.5±13.1	80.1
ZY98D	47.3±1.9	527.5±42.1	74.5±5.5	85.9	44.1±2.3	827.1±49.5	134.9±8.4	83.7
ZS11	41.4±1.3	971.7±63.0	135.6±9.5	86.0	46.6±2.8	894.6±51.6	176.0±10.6	80.3
DD55	45.8±1.9	930.5±56.8	126.6±7.8	86.4	46.5±3.5	1 269.3±72.6	198.3±12.3	84.4

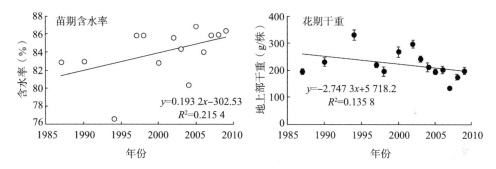

图 3-4 苗期含水率和花期干重随品种推出年份的变化趋势

从不同生育期植株形态来看，不同品种植株在苗期株高、绿叶数、叶长、叶宽和花期株高、绿叶数、叶痕数、总节数等指标上均存在一定差异。从表3-3可以看出，不同油菜品种苗期株高在 35.2（中双 2 号和湘油 15）～47.4cm（中油杂 2 号和华杂 3 号），花期株高在 146.8（中双 11）～173.4cm（丰油 701）。苗期和花期绿叶数在 7.0（中双 7 号）～12.4 片（中双 11）和12.0（大地 55）～18.8 片（中油杂 12）。从苗期功能叶片大小来看，除湘油15 和中油杂 8 号功能叶相对较小外，其他大部分油菜品种之间差异不大。不同油菜品种花期茎粗存在较大差异，为 1.8（中双 9 号和中油 98D）～3.6cm（中双 2 号）。花期在株高、叶痕数、绿叶数、总节数等指标上表现较好的品种分别为华杂 3 号、中双 2 号、中双 9 号和中油杂 12。将这些指标与品种推出年份进行相关性分析，均未呈现显著或极显著相关。

表 3 - 3　不同油菜品种不同生育期的生物学性状比较

品种	苗期				花期				
	株高 (cm)	绿叶数 (片)	叶长 (cm)	叶宽 (cm)	株高 (cm)	绿叶数 (片)	茎粗 (cm)	叶痕数 (个)	总节数 (个)
ZY821	47.2±5.9	9.1±1.1	20.2±2.9	13.6±0.9	160.4±5.0	16.2±1.9	2.7±0.2	13.6±2.2	29.8±1.3
ZS2	35.2±1.3	9.9±1.9	19.0±2.8	12.2±1.3	147.0±10.1	13.2±1.9	3.6±1.2	10.6±2.2	23.8±2.2
HZ3	47.4±5.6	8.0±1.9	23.2±2.4	14.0±1.6	171.2±13.2	18.4±2.3	1.9±0.3	14.0±4.0	32.4±1.9
XY15	35.2±5.0	9.8±2.0	18.0±4.3	12.8±2.2	150.6±3.6	13.8±2.8	3.1±0.6	11.6±2.1	26.9±2.3
ZS7	39.2±1.7	7.0±1.2	20.2±2.2	13.6±2.7	150.4±6.0	14.4±2.9	2.2±0.4	13.0±3.8	27.4±2.4
ZYZ2	47.4±4.5	7.6±0.9	21.8±2.8	13.6±1.3	157.0±9.8	13.0±2.8	2.5±0.4	14.0±2.0	28.0±2.4
HZ5	39.2±10.4	10.5±1.6	19.8±3.6	14.2±2.8	163.8±5.7	13.2±1.5	2.5±0.4	12.8±1.6	26.0±3.0
ZYZ8	43.0±2.9	9.8±2.2	18.8±3.6	12.2±1.9	161.0±8.7	17.0±2.1	2.5±0.5	14.0±1.0	31.0±1.6
FY701	40.8±1.3	10.3±2.0	23.2±4.8	13.4±1.9	173.4±4.8	12.8±0.8	1.9±0.3	16.4±2.2	29.4±2.7
ZS9	37.2±3.3	9.4±1.7	20.4±3.9	14.6±2.1	169.7±3.4	12.1±1.0	1.8±0.5	17.0±1.2	27.9±1.8
ZYZ12	41.0±2.9	9.2±1.1	19.8±2.9	12.2±1.1	165.8±6.3	18.8±1.9	2.1±0.4	14.0±2.5	32.8±2.6
ZY98D	45.8±6.9	10.3±2.8	20.2±1.3	13.0±0.7	158.6±9.5	12.4±2.2	1.8±0.5	10.2±2.2	22.6±2.1
ZS11	38.2±3.5	12.4±2.1	21.0±1.6	12.8±1.3	146.8±5.5	15.2±1.8	2.2±0.7	14.0±0.7	28.4±2.2
DD55	46.0±8.2	11.6±2.1	22.0±3.4	14.8±2.6	168.6±13.8	12.0±3.3	3.0±0.7	12.0±1.4	24.0±3.7

　　由表 3 - 4可以看出，不同油菜品种在株高、分枝位、主茎总节数、一次有效分枝数、有效角果数、每角粒数、千粒重等农艺性状指标上存在差异。总体而言，丰油 701 和大地 55 的株高较高，中双 11 和中双 7 号较矮；中油杂 8 号和中油 98D 的分枝位较高，华油杂 5 号较低。结合株高和分枝位，可以发现中双 7 号和中油 98D 的结角层相对较薄，而丰油 701 和华油杂 5 号的结角层相对较厚。中油杂 8 号的主茎总节数最多，中双 2 号和中油 98D 较少；湘油 15 的一次有效分枝数最多，中油 98D 较少；华油杂 5 号和丰油 701 的单株有效角果数较多，中双 2 号较少；中双 2 号的每角粒数最高，中油 98D 较少；中油杂 2 号和丰油 701 的千粒重较大，湘油 15 较小。

表 3 - 4　不同油菜品种产量及农艺性状比较

品种	株高 (cm)	分枝位 (cm)	主茎总节数 (个)	一次有效分枝数 (个)	有效角果数 (个/株)	每角粒数 (粒)	千粒重 (g)	每 667m² 产量 (kg)
21	169.0±6.1	73.3±12.1	26.7±1.7	6.0±0.7	207.0±16.7	19.7±2.1	3.94±0.26	83.4±6.07
ZS2	160.0±2.0	53.6±8.5	22.7±3.1	6.7±0.6	201.7±17.0	22.5±0.5	3.73±0.30	76.8±5.44

（续）

品种	株高 (cm)	分枝位 (cm)	主茎总节 数（个）	一次有效分 枝数（个）	有效角果数 （个/株）	每角粒数 （粒）	千粒重 (g)	每 667m² 产量（kg）
HZ3	172.0±6.1	74.3±6.0	27.0±1.0	7.3±0.6	206.7±14.3	19.5±1.3	4.08±0.08	98.7±10.38
XY15	162.3±4.5	55.0±4.4	28.0±1.0	7.7±0.6	216.3±11.8	21.5±1.6	3.36±0.09	93.6±8.50
ZS7	159.0±11.5	88.3±7.2	25.3±3.8	6.0±0.7	220.7±9.1	20.7±1.1	3.51±0.06	110.2±10.09
ZYZ2	168.0±3.5	63.3±13.6	25.7±3.5	5.7±0.6	231.0±15.2	20.7±2.3	4.34±0.60	104.6±10.57
HZ5	166.0±6.1	50.3±0.6	27.3±1.2	7.3±0.6	246.0±16.8	21.0±1.7	3.51±0.26	142.8±9.46
ZYZ8	182.0±3.5	90.7±11.1	29.7±1.2	7.0±1.0	224.7±12.9	20.8±1.1	3.50±0.05	111.5±10.54
FY701	184.3±8.1	62.0±13.1	28.7±3.1	7.3±1.0	240.3±12.0	22.3±1.5	4.14±0.18	111.1±7.70
ZS9	167.0±15.7	55.3±9.0	26.7±1.5	7.3±0.6	232.7±9.9	22.2±1.9	4.00±0.14	103.6±6.03
ZYZ12	181.0±10.1	75.3±14.2	26.0±2.6	7.3±1.2	215.3±9.5	17.9±0.8	3.59±0.08	98.6±10.80
ZY98D	169.0±5.3	89.3±3.8	22.7±1.2	5.3±0.6	226.7±4.6	17.1±2.6	3.98±0.03	116.8±11.57
ZS11	151.0±17.8	53.7±5.7	28.0±2.6	6.7±1.2	219.7±11.5	21.4±2.2	3.87±0.13	92.9±6.04
DD55	184.3±5.1	88.7±7.6	25.3±2.9	6.3±0.5	224.0±18.2	21.5±3.1	3.81±0.02	111.1±8.76

将各农艺性状及产量等与品种推出时间进行直线回归分析结果表明，其中只有产量和单株有效角果数与育成年份之间的相关关系显著（$P<0.05$）（图 3-5）。

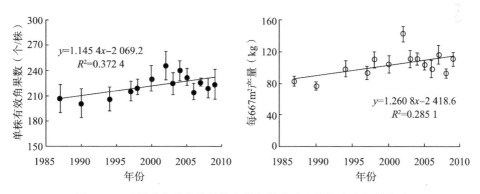

图 3-5 不同油菜品种的单株有效角果数及产量与育成年份关系

由表 3-5 可以看出，不同品种间的籽粒品质存在一定的差异。特别是饼粕硫苷在不同品种间的差异较大，其中较高的品种有丰油 701 和湘油 15 号，较低的品种有中双 2 号和华油杂 5 号。测试品种中，中双 11 的含油量（47.17%）和油酸含量（73.38%）最高，但亚油酸含量（5.60%）、棕榈酸含量（18.34%）之间和蛋白质含量（21.28%）最低；二十碳烯酸在不同品种的表现变异幅度差异不大；含油量和油酸含量最低的品种分别为中双 2 号（49.90%）和大地 55（62.20%）；亚油酸、棕榈酸和蛋白质含量最高的品种分别为华杂 3 号（7.24%）、中双 9 号（20.62%）和大地 55（25.90%）。品质相关性状与品种育成年份的相关性分析，结果均未达到显著性水平（$P>$0.05）。

表 3 - 5　不同油菜品种品质相关性状

品种	饼粕硫苷（%）	含油量（%）	油酸（%）	亚油酸（%）	棕榈酸（%）	二十碳烯酸（%）	蛋白质（%）
ZY821	29.02±6.95	13.68±2.12	67.80±3.48	5.89±0.84	19.54±2.07	4.38±0.13	23.92±1.96
ZS2	17.70±3.71	40.90±1.47	67.02±2.07	6.64±0.59	20.38±0.80	4.44±0.19	24.78±1.75
HZ3	21.90±1.96	12.86±2.02	62.86±2.97	7.24±0.21	18.40±0.95	3.98±0.26	24.86±0.53
XY15	61.96±7.60	42.88±1.85	64.99±3.36	6.00±0.65	19.92±2.61	4.06±0.54	22.82±1.25
ZS7	30.26±1.29	41.28±1.27	64.08±1.08	6.28±0.26	18.80±0.57	4.30±0.14	21.04±0.30
ZYZ2	23.04±4.60	42.58±1.24	67.84±2.39	6.56±0.44	19.86±0.62	4.40±0.10	24.06±0.86
HYZ5	19.52±2.93	43.82±2.29	69.82±4.30	6.04±0.50	18.82±1.67	4.24±0.15	23.28±1.95
ZYZ8	23.20±4.06	43.16±1.47	62.68±3.49	7.02±0.26	18.82±0.48	4.26±0.15	23.66±0.86
FY701	94.66±7.78	41.64±1.32	62.50±2.94	6.84±0.39	19.92±0.99	4.02±0.31	24.34±2.78
ZS9	21.02±4.70	42.68±1.33	70.36±2.08	6.08±0.58	20.62±1.10	4.40±0.07	23.92±0.43
ZYZ12	26.56±1.92	43.20±1.37	63.90±2.09	6.69±0.28	18.74±0.55	4.26±0.09	24.12±0.29
ZY98D	24.38±2.77	41.18±1.54	63.80±2.63	6.75±0.26	20.38±1.00	4.28±0.22	24.12±0.84
ZS11	27.18±3.32	47.14±3.76	73.38±2.65	5.60±0.83	18.34±1.27	4.32±0.31	21.28±1.97
DD55	32.60±4.00	41.12±1.31	62.20±2.93	6.38±0.38	18.68±0.94	4.22±0.26	25.90±0.80

第三节　不同时期光合速率与生长特性的相关性

一、不同时期光合速率与生物学特性的相关性

为了分析不同生育期光合速率与不同生物学特性之间的关系，将苗期、蕾薹期和花期光合速率分别与不同时期生物学特性指标进行了相关性分析。从表3－6可以看出，不同生育期光合速率与生物学特性指标间的相关性差异较大。

在苗期，叶片光合速率与苗期株高、苗期绿叶数、苗期 SPAD、苗期叶宽和花期株高等 5 个指标呈正相关，相关系数 0.018～0.583，与其他生物学特性指标如苗期鲜重等均呈现负相关，相关系数 -0.008～-0.562，显著相关的指标有苗期干重、苗期 SPAD 和花期总节数；在蕾薹期，叶片光合速率与苗期株高、苗期绿叶数、苗期 SPAD、苗期叶长、苗期叶宽、花期株高和花期鲜重等 7 个指标呈正相关，与其他指标间均呈负相关，但相关性均不显著（$P >$ 0.05）；花期光合速率与苗期绿叶数、苗期 SPAD、花期株高、花期 SPAD 和花期叶痕等指标呈现正相关，而与其他指标均呈现负相关，显著性相关的指标只有苗期干重和苗期绿叶数。

表 3-6　不同时期光合速率与生物学特性的相关性分析

生物学性状	苗期光合速率	蕾薹期光合速率	花期光合速率
苗期株高	0.332	0.327	-0.033
苗期鲜重	-0.415	-0.115	-0.336
苗期干重	-0.534*	-0.005	-0.602*
苗期绿叶数	0.094	0.020	0.536*
苗期 SPAD	0.583*	0.227	0.137
苗期叶长	-0.131	0.339	-0.159
苗期叶宽	0.214	0.142	-0.025
花期株高	0.018	0.308	0.113
花期茎粗	-0.008	-0.173	-0.312
花期鲜重	-0.057	0.100	-0.287
花期干重	-0.155	-0.025	-0.393
花期绿叶数	-0.433	-0.310	-0.384
花期 SPAD	-0.188	-0.057	0.006
花期叶痕	-0.405	-0.345	0.030
花期总节数	-0.562*	-0.409	-0.275

注：* 表示不同生育期光合速率与所测性状指标间显著相关。

二、不同时期光合速率与农艺性状和产量的相关性

将不同品种不同生育期叶片光合速率与农艺性状和产量进行相关性分析

（表 3-7），结果表明，株高、分枝位、有效角果数和产量等指标与 3 个时期的光合速率（P_n）均呈正相关，而一次有效分枝数和每角粒数均呈现负相关；主茎总节数与苗期和蕾薹期 P_n 呈负相关而与苗期花期 P_n 正相关；千粒重与苗期和花期 P_n 呈负相关而与蕾薹期 P_n 呈正相关。与苗期光合速率显著相关的指标为分枝位、产量和一次有效分枝数（$P<0.05$），而与花期 P_n 显著相关的指标为有效角果数和产量；蕾薹期光合速率与不同农艺性状指标均未呈现显著的相关关系（$P>0.05$）。

表 3-7　不同时期光合速率与农艺性状和产量的相关性分析

农艺性状	苗期光合速率	蕾薹期光合速率	花期光合速率
株高	0.20	0.45	0.21
分枝位	0.552*	0.449	0.073
主茎总节数	-0.23	-0.46	0.24
一次有效分枝数	-0.536*	-0.316	-0.062
有效角果数	0.41	0.33	0.738**
每角粒数	-0.17	-0.31	-0.10
千粒重	-0.11	0.15	-0.10
产量	0.620*	0.522	0.626*

注：*表示不同生育期光合速率与所测性状指标间显著相关。

三、不同时期光合速率与品质相关性状的相关性

从表 3-8 可以看出，不同生育期光合速率与品质相关特性指标间均呈现了不同程度的相关关系。苗期叶片光合速率与饼粕硫苷含量、含油量和油酸含量等指标呈现了一定程度的负相关，而与棕榈酸含量、亚油酸含量、二十碳烯酸含量和蛋白质含量等指标间呈一定程度的正相关。蕾薹期光合速率与饼粕硫苷含量、棕榈酸含量、亚油酸含量和蛋白质含量间呈不同程度的正相关，而与含油量、油酸含量和二十碳烯酸含量呈不同程度负相关。花期光合速率与饼粕硫苷含量、含油量、油酸含量和棕榈酸含量等呈不同程度的正相关，而与亚油酸含量、二十碳烯酸含量和蛋白质含量等呈不同程度负相关。相关性分析结果还表明，苗期光合速率和花期光合速率均与品质相关特性指标间未达到显著性水平，而蕾薹期光合速率与含油量和油酸含量间呈显著的负相关关系（$P<0.05$），而与蛋白质含量间呈显著的正相关关系（$P<0.05$）。

表 3-8　不同时期光合速率与品质特性的相关性分析

品质性状	苗期光合速率	蕾薹期光合速率	花期光合速率
饼粕硫苷含量	-0.251	0.060	0.176
含油量	-0.379	-0.631*	0.161
油酸含量	-0.296	-0.613*	0.036
棕榈酸含量	0.063	0.020	0.114
亚油酸含量	0.149	0.575*	-0.151
二十碳烯酸含量	0.165	-0.235	-0.013
蛋白质	0.244	0.584*	-0.342

注：* 表示不同生育期光合速率与所测性状指标间显著相关。

第四节　讨论与结论

对不同品种不同生育期的光合速率测定结果表明，苗期不同品种间净光合速率以中油 98D 和中油杂 8 号较高，以中油杂 12 和中双 11 较低；蕾薹期以中油 98D 和大地 55 的净光合速率相对较高，以中油 821 和中双 11 的净光合速率相对较低；花期不同品种间净光合速率以中油 98D 和华油杂 5 号较高，而以华杂 3 号和中双 2 号的净光合速率较低。从苗期到花期不同品种间的光合速率差异明显增大，一方面可能这是由于植株在花期本身生长特性差异增大，另一方面可能是由于花期温度和光照较强从而使不同光合特性的品种响应不同。

随着作物遗传改良和栽培技术的不断进步，作物产量、各种农艺性状、光合及其他生理性状会发生明显的变化。然而到目前为止，还未见到有关我国油菜品种的产量及光合生理等随推出时间变化规律的报道。对 1987 年以来的 14 个油菜主推品种的研究结果表明，随着品种推出时间的延迟，产量和叶片光合速率均呈现逐渐增加的趋势；生物学特性及光合生理方面，气孔导度、胞间 CO_2 浓度、蒸腾速率以及苗期含水率等均随品种推出年代的延迟而呈现增加趋势，而水分利用效率、气孔限制值以及花期干重等随着品种推出年代的延迟而呈降低趋势。农艺性状方面，除每角粒数外，其他各农艺性状均随着品种推出时间的延迟而增加。其中，随品种推出时间变化较快的农艺性状指标主要有有效角果数、株高和分枝位，而随品种推出时间的延长变化较小的主要有第一有效分枝位、千粒重和每角粒数。有效角果数和产量与品种推出时间的相关关系达到了显著性水平。

净光合速率和产量之间的关系一直是人们关注的焦点。围绕作物产量与净光合速率存在正相关、负相关和无相关等多种矛盾结果的现象。研究结果表明，苗期和花期净光合速率和产量均呈现显著相关关系。但蕾薹期净光合速率与产量之间无显著相关关系。刘国宁（2013）在大豆上也获得了类似的结论。刘合芹等（2004）认为对于小麦品种来说，无论是不同年代推出的，还是不同产量潜力的，光合作用与产量的关系均随生育期的不同而不同。杜维广等（2001）和傅旭军等（2005）均认为生殖生育期光合速率是高光效种质评价的重要指标。Morrison 等（1999）研究认为叶片的高净光合速率可以作为加拿大育种工作者选育高产品种的重要指标。冯国郡等（2013）研究发现甜高粱的生物产量与抽穗期净光合速率和气孔导度间相关关系达到极显著水平。巨霞（2012）认为，应充分利用甘蓝型杂交油菜的单株产量与盛花期净光合速率关联度较高的特性，通过提高盛花期净光合速率来有效增加油菜产量指标。

研究结果也可以看出，苗期光合速率与苗期干重、苗期 SPAD、花期总节数、分枝位、一次有效分枝数和产量等生物学性状呈现了显著相关关系，蕾薹期光合速率与含油量、油酸、亚油酸和蛋白 4 个性状均呈现了显著相关关系，花期光合速率则与苗期干重、苗期绿叶数、单株有效角果数和产量呈现了显著相关关系，这说明苗期光合速率对植株的影响主要表现在农艺性状和产量上，而花期光合速率主要通过影响单株有效角果数进而影响产量；蕾薹期的净光合速率则对品质相关性状影响较大。

研究结果表明，苗期净光合速率与苗期干重和花期总节数呈现了显著负相关关系。对于苗期净光合速率与苗期干重的显著负相关关系，可能与种植密度较低、田间肥水条件较好而导致油菜苗期植株普遍生长较旺有关。植株的旺长导致作物干物质积累的速率高于植株内一些与净光合速率相关物质如叶绿素、光合酶等的合成速率，即生物量的迅速增加对组织内物质浓度产生了稀释效应，即干物重较大的一些品种中叶绿素、光合酶等含量相对较低。因此，由于苗期净光合速率与苗期 SPAD 间的显著的正相关关系，所以适度壮苗的净光合速率较高。同样，花期净光合速率与苗期干重也呈现了显著负相关关系，说明过旺的苗期营养生长可能影响了生殖生长，进而影响了花期净光合速率。花期净光合速率与苗期绿叶数呈现了显著正相关关系，这也说明了适当壮苗有利于植株的生殖生长。不同时期光合速率与农艺性状之间的相关性分析结果表明，苗期光合速率还与分枝位呈显著的正相关关系，与一次有效分枝数呈显著的负相关关系，说明高光效育种应注意不宜挑选具有花芽分化过早、分枝过多等特征的材料。

不同年份品种中以中油 98D（苗期，蕾薹期和花期）、中油杂 8 号（苗期）、大地 55（蕾薹期）、华油杂 5 号（花期）等品种的净光合速率较高。苗期和花期净光合速率和产量间呈现显著的正相关关系，而蕾薹期净光合速率与产量之间的相关关系不显著。在光合速率与生物学特性和农艺性状的相关性分析中，苗期干重、苗期 SPAD、花期总节数、分枝位、一次有效分枝数和产量等与苗期净光合速率显著相关，含油量、油酸含量、亚油酸含量和蛋白质含量等与蕾薹期净光合速率相关性显著，花期净光合速率则与苗期干重、苗期绿叶数、单株有效角果数呈显著相关关系，这说明苗期光合速率对植株的影响主要表现在农艺性状和产量上，而花期光合速率主要通过影响单株有效角果数进而影响产量；蕾薹期的光合速率则对品质相关性状影响较大。

第四章　油菜高光效的光合生理特性

　　深入探讨不同光效基因型油菜光合生理特性对于了解和明确高光效油菜光合响应机制具有重要意义。光是驱动光合作用的能量来源。光合作用涉及光能吸收、电子传递、能量转换、ATP合成、CO_2固定等一系列复杂的物理和化学反应过程，因此，光能的吸收、传递和转换直接影响光合速率。近年来，随着光合性状测定仪器的不断改进，光合指标计算方法的不断完善，许多曾经需要通过很复杂的测量才能获得的指标，如暗呼吸速率、表观量子效率和电子传递效率等能够通过简单的仪器测量和计算实现。而且这些指标还能很好地反映光能的吸收和转换与光合碳同化之间的相关关系。Ye（2007）认为植物光合作用对光的响应模型对了解植物光化学过程中的光化学效率非常重要。而且植物光合作用对光和CO_2的响应模型能够提供更为深入的光合特征因子，是研究植物光合潜力的重要工具。目前，通过建立模型，利用光合作用的光响应曲线可估算出植物的最大净光合速率、光饱和点、光补偿点、呼吸速率以及表观量子效率等重要的光合特征参数，从而更为有效地反映作物的光合能力。目前，在深入光合生理的研究方面主要有水稻、小麦、大豆等作物上，在油菜上还主要集中在一些表观光合生理指标上的研究上。作者设计了一个试验，拟通过对高光效、中光效、低光效油菜品种在不同生育时期光合速率及主要光合生理指标的测定，并进行相关性分析，探讨高光效和低光效油菜品种光合速率与主要光合生理指标之间的关系及两者的差异，以期对油菜的高光效育种和栽培提供一定的理论依据。

　　选择高光效品系S116，中等光效品种中双9号（ZS9，对照）和低光效品系S017作为试验材料。试验材料种植于聚乙烯塑料盆钵中（盆底中央设有排水孔）。2011年9月20日播种，2012年5月10日收获。每盆装土5kg，盆栽土壤取自中国农业科学院油料作物研究所阳逻试验基地。土壤类型为黄棕壤，pH7.6，有机质含量为12.6g/kg、全氮0.9g/kg、硝态氮7.4mg/kg、铵态氮2.1mg/kg、有效磷9.0mg/kg、有效钾106.1mg/kg。播种前每盆施入尿素0.70g，氯化钾0.39g，过磷酸钙1.95g，硼砂0.03g。播种前挑选饱满一致的种子用0.1%$HgCl_2$溶液消毒10min后用去离子水清洗干净，然后置于培养箱中 25℃ 催芽，种子露白后播种于盆钵中，3 叶期定苗，每盆留苗 1 株，每个品种 24 盆。待油菜 5 叶 1 心期时，挑选长相一致的进行苗期光合指标测定。

第一节　不同光效基因型油菜苗期叶片光合日变化特征

由图 4-1（a）可以看出，不同光效基因型油菜苗期净光合速率日变化规律明显不同，对照中双 9 号（ZS9）和低光效品系 S017 均呈现"双峰"曲线变化趋势，峰值分别出现在 10：00 和 14：00 左右，正午时出现波谷，即出现了光合"午休"现象。但高光效品系 S116 净光合速率日变化规律却呈现"单峰"曲线变化趋势，在正午时出现净光合速率的峰值 $25.1\mu mol/(m^2 \cdot s)$，在 17：00 时出现最低值 $7.9\mu mol/(m^2 \cdot s)$。从全天的光合速率来看，高光效品系 S116 均高于对照 ZS9 和低光效品系 S017；而在 14：00 以前，对照 ZS9 的光合速率也均高于低光效品系，但随后出现交叉下降。

与高光效品系 S116 的光合速率"单峰"日变化规律不同，三个不同光效品种（系）的气孔导度和蒸腾速率均呈现了"双峰"现象，且下午的峰值明显高于上午 [图 4-1（b）和（d）]。从峰值出现的时间来看，3 个不同光效品种（系）的气孔导度上午峰值均出现在 10：00，下午的峰值 S116 和 ZS9 出现在 14：00，S017 的峰值有所延后，出现在 15：00；就蒸腾速率而言，3 个品种（系）的峰值也基本出现在上午的 10：00 和下午的 14：00，但 ZS9 上午的峰值和 S017 下午的峰值均分别延迟了 1h。

由图 4-1（c）可以看出，高光效品系 S116 和对照 ZS9 的胞间 CO_2 浓度（C_i）在一天当中波动较小，仅在下午 15：00 形成一个较小的"波谷"，S017 在 16：00 又形成了一个相对于正午较小的"波谷"。低光效品系 S017 的 C_i 在 14：00 前（含）显著低于高光效品系 S116 和对照 ZS9，且在正午时出现了一个较大的"波谷"。

水分利用效率（WUE）与胞间 CO_2 浓度的日变化规律刚好相反，低光效品系 S017 分别在 12：00 和 16：00 出现了 2 个不同大小的"波峰"，12：00 的"波峰"峰值明显大于 16：00 的"波峰"；高光效品系 S116 在 11：00 和 15：00 出现两个较小的"波峰"。对照 ZS9 仅在下午 15：00 出现了一个较小的"波峰" [图 4-1（e）]。由不同光效品种（系）的 WUE 和气孔限制值日变化规律可以看出，在 12：00 和 16：00，S017 明显受气孔限制因素影响较大，

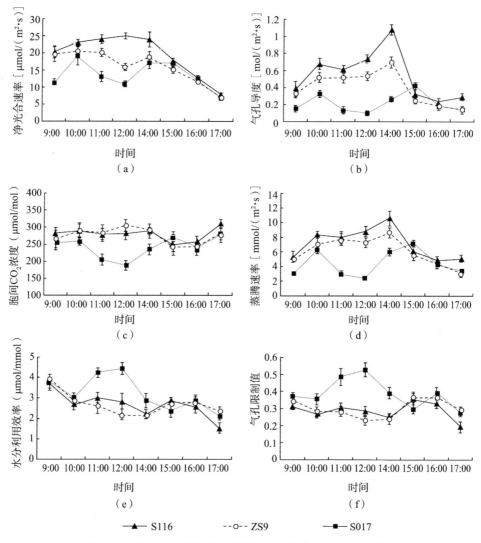

图 4-1　不同光效基因型油菜苗期叶片光合参数日变化特征

而 S116 和 ZS9 是在 15：00 时受气孔限制因素影响较大。受植物昼夜节律的影响，3 个不同光效品种（系）的气孔限制值在 9：00 均较高 [图 4-1 (f)]。

第二节　不同光效基因型油菜苗期叶片光响应曲线日变化特征

图 4-2 为不同光效油菜品种（系）叶片在一天中不同时段的净光合速率

与光合有效辐射的关系曲线，并用非直角双曲线模型进行模拟。可以看出，3
个不同光效基因型油菜品种（系）在一天中不同时间段的净光合速率对光强的
响应均表现出米氏响应的规律，用非直角双曲线模型方程对其模拟均到了极显
著水平（表4-1）。

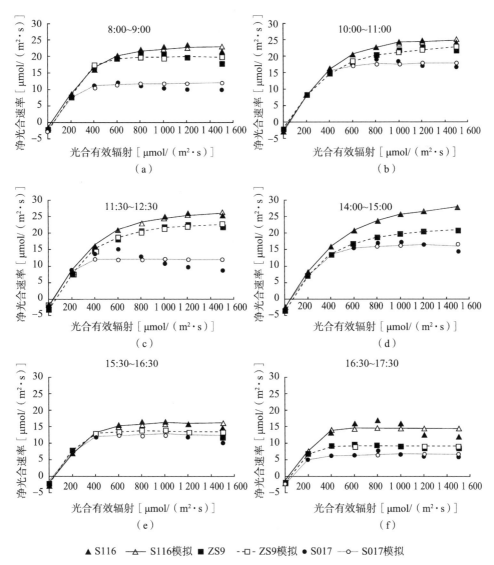

图4-2 不同光效基因型油菜在不同时间段的光响应曲线特征

表4-1 不同光效基因型油菜光响应曲线的特征参数

测量时间	品种（系）	表观光量子效率（μmol/mol）	光饱和点[μmol/(m²·s)]	光补偿点[μmol/(m²·s)]	暗呼吸速率[μmol/(m²·s)]	最大净光合速率[μmol/(m²·s)]	决策系数
8：00～9：00	S116	0.056	1 166.8	200.5	2.00	25.75	0.995
	ZS9	0.050	509.5	199.7	1.94	21.89	0.987
	S017	0.046	285.9	201.1	1.43	12.41	0.979
10：00～11：00	S116	0.058	1 890.2	200.6	2.68	29.31	0.998
	ZS9	0.056	2 283.6	200.1	1.88	26.51	0.998
	S017	0.053	654.6	200.2	2.02	20.33	0.985
11：30～12：30	S116	0.058	2 357.8	39.40	2.11	30.61	0.998
	ZS9	0.060	2 268.2	54.94	2.97	27.53	0.998
	S017	0.051	281.3	29.04	1.49	13.53	0.838
14：00～15：00	S116	0.066	4 151.3	52.80	3.04	35.60	0.999
	ZS9	0.061	2 684.2	64.29	3.43	26.43	0.999
	S017	0.047	721.1	44.28	2.05	19.01	0.983
15：30～16：30	S116	0.051	1 231.3	54.43	2.65	24.01	0.996
	ZS9	0.058	1 851.8	57.35	3.02	24.51	0.993
	S017	0.047	302.2	43.37	2.06	12.88	0.915
16：30～17：30	S116	0.046	430.1	30.52	1.40	16.24	0.916
	ZS9	0.045	272.5	40.93	1.85	10.96	0.988
	S017	0.045	738.0	43.65	1.41	8.36	0.957

　　对实测光响应曲线进行模拟可知：不同光效品种（系）在8：00～9：00、11：30～12：30和16：30～17：30 3个时间段的光响应曲线之间的差异较大，而其他时间段的差异相对较小。进一步分析不同光效基因型油菜叶片光合速率随光强的变化趋势可以发现：在光强低于200μmol/(m²·s)时，不同光效基因型油菜叶片的光合速率差异不显著，且均随光强的加强呈直线上升，高光效品系S116上升的最快，低光效品系SO17上升最慢，ZS9居中。当光强增加到一定值后（光合拐点），3个品种（系）的光合速率的增加也趋向于平缓。但不同时间段、不同品种（系）的光合拐点大小不同，如在8：00～9：00，S116和ZS9的光合拐点约为600μmol/(m²·s)，S017的光合拐点仅为400μmol/(m²·s)。从不同光效基因型油菜苗期叶片光响应曲线日变化特征可以看出，高光效品系的光合拐点最高约为1 200μmol/(m²·s)，从12：00持续到

下午 15：00；而低光效品系 S017 的光合拐点最高仅约为 $600\mu mol/(m^2 \cdot s)$，分别在 10：00～11：00 和 14：00～15：00 两个时间段出现。

通过不同光效基因性油菜苗期叶片一天中不同时段的光响应曲线计算出相应的表观光量子效率（AQE）、光饱和点（LSP）、光补偿点（LCP）、暗呼吸速率（Rd）及最大净光合速率等光合特征参数值。并以时间为横坐标，光合特征参数为纵坐标，绘制出了相应的光合生理特征参数日变化曲线（图 4-3）。

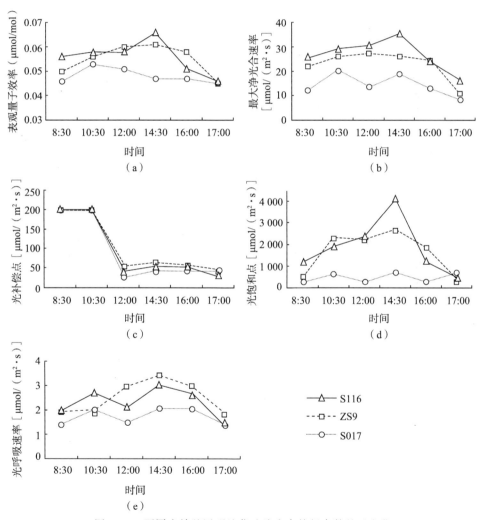

图 4-3 不同光效基因型油菜叶片光合特征参数的日变化

由图 4-3（a）可以看出，不同光效基因型油菜表观光量子效率日变化规律表现明显不同，S116 和 ZS9 的表观光量子效率表现出明显的"单峰"曲线，即在中午前后达到较高的表观光量子效率值，而低光效品系 S017 则表现出了与其光合日变化特征类似的"双峰"曲线，即分别在 10：30 和 16：00 出现了两个较高的表观光量子效率值，且 10：30 的表观光量子效率峰值明显高于 16：00 的表观光量子峰值。

与表观光量子效率的日变化特征类似，不同光效率基因型油菜苗期叶片的最大光合速率也分别呈现出了"单峰"和"双峰"曲线现象。但 S017 最大光合速率的第 2 峰值出现的时间相对于表观光量子效率提前了约 1h；而 S116 和 ZS9 的最大光合速率峰值出现的时间与表观光量子效率基本一致。从全天的最大光合速率变化来看，各个时段均表现为：S116＞ZS9＞S017。

3 个不同光效基因型油菜苗期叶片的光补偿点日变化趋势基本一致，基本上呈现 Z 形趋势，在 11：00 以前均维持较高的光补偿点值，而在 12：00 到来之前迅速下降至低点，并在整个下午维持着这种较低的光补偿点进行光合作用。同时由图 4-3（c）可以看出，3 个不同光效基因型油菜苗期叶片的光补偿点在上午基本无差异，在 12：00 以后表现为 ZS9＞S116＞S017。

从光饱和点来看，低光效品系 S017 的光饱和点在全天各个时段均明显低于高光效品系 S116 和对照 ZS9。从光饱和点的日变化规律来看，高光效品系 S116 仍然呈现"单峰"曲线模式，并在 14：30 左右达到光饱和点的峰值；对照 ZS9 呈现"双峰"曲线模式，并分别在 10：30 和 14：30 达到光饱和点的峰值，且上、下午的峰值大小基本相同；低光效品系 S017 的光饱和点日变化呈现一种类似于"波浪"形曲线，并分别在 10：30、14：30 及 17：00 出现较高的光饱和点。

跟预想结果不同，高光效品系 S116 的光呼吸速率并不是 3 个品种（系）中最低的，而是在 11：00 之前最高，11：00 之后居于 ZS9 和 S017 之间；低光效品系 S017 的光呼吸速率在全天均处于最低；对照 ZS9 在 11：00 之前居中，11：00 之后最高。在光呼吸速率的变化规律上，高光效品系 S116 和低光效品系 S017 呈现出了类似的"双峰"曲线变化趋势，但与光合日变化规律不同，光呼吸的第 2 峰峰值明显高于上午的第 1 峰峰值；而对照 ZS9 呈现出了"单峰"曲线的变化趋势。

第三节　不同光效基因型油菜不同
叶位光响应曲线特征

由图 4-4 可以看出，3 个不同光效基因型油菜品种（系）不同叶位光合速率对光强的响应均表现出米氏响应的规律，用非直角双曲线模型方程对其模拟均达到了极显著水平（表4-2）。对实测光响应曲线进行模拟可知：从上部叶到下部叶，高光效品系S116与对照ZS9间光响应曲线的差异呈现逐渐增大的趋势，即上部叶S116与ZS9间的光响应曲线差异最小，而下部叶S116和ZS9间的光响应曲线差异最大；而低光效品系S017与ZS9之间的光响应曲线差异呈现先增大后减小的趋势。从光合潜力来看，3个不同光效基因型油菜均表现为从上部叶到下部叶呈先增大后减小的趋势。

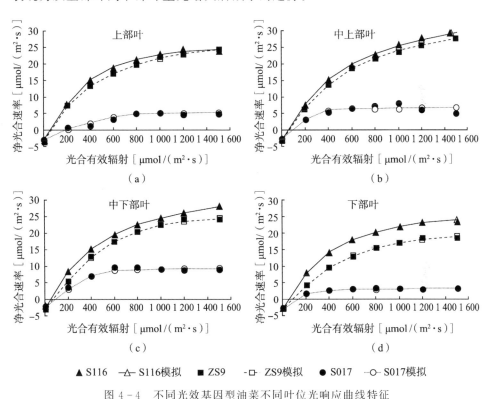

▲ S116　-△- S116模拟　■ ZS9　-□- ZS9模拟　● S017　-○- S017模拟

图4-4　不同光效基因型油菜不同叶位光响应曲线特征

表4-2　不同光效基因型油菜不同叶位叶片光响应曲线的特征参数

叶位	品种（系）	表观光量子效率（$\mu mol/mol$）	光饱和点 [$\mu mol/$（$m^2 \cdot s$）]	光补偿点 [$\mu mol/$（$m^2 \cdot s$）]	暗呼吸速率 [$\mu mol/$（$m^2 \cdot s$）]	最大净光合速率 [$\mu mol/$（$m^2 \cdot s$）]	决策系数
上部叶	S116	0.060	3 060.2	58.58	3.13	30.43	0.997
	ZS9	0.073	8 985.9	65.84	3.58	35.77	0.999
	S017	0.013	864.0	211.00	2.72	8.40	0.926

（续）

叶位	品种（系）	表观光量子效率（μmol/mol）	光饱和点[μmol/(m²·s)]	光补偿点[μmol/(m²·s)]	暗呼吸速率[μmol/(m²·s)]	最大净光合速率[μmol/(m²·s)]	决策系数
中上部叶	S116	0.071	10 445.7	57.99	3.26	43.44	0.999
	ZS9	0.058	7 078.4	68.10	3.41	38.67	0.999
	S017	0.032	379.0	82.90	2.64	9.42	0.946
中下部叶	S116	0.055	3 572.3	52.56	2.53	33.08	0.999
	ZS9	0.044	2 805.7	62.90	2.60	30.03	0.999
	S017	0.024	548.0	76.00	1.78	11.10	0.994
下部叶	S116	0.069	5 708.6	57.29	3.14	32.31	0.999
	ZS9	0.042	5 171.4	78.10	2.93	25.99	0.998
	S017	0.024	363.0	112.00	2.64	5.93	0.943

通过不同叶位叶片光响应曲线计算光合特征参数如表 4-2。由表 4-2 可以看出，表观光量子效率和光饱和点 2 个特征参数，除上部叶 S116 小于 ZS9 外，其余各部位叶片均表现为 S116＞ZS9＞S017；而光补偿点则是除下部叶表现为 ZS9＞S116＞S017 的趋势外，其余各部位叶片均表现为 S116＜ZS9＜S017。在暗呼吸速率的比较上，不同光效基因型油菜的上部叶、中上部叶、中下部叶均表现为 ZS9＞S116＞S017，而下部叶则表现为 S116＞ZS9＞S017。不同光效基因型油菜不同叶位的最大净光合速率的大小比较基本与表观光量子效率和光饱和点 2 个特征参数相同，即中上部叶、中下部叶和下部叶均表现为 S116＞ZS9＞S017，而上部叶表现为 ZS9＞S116＞S017。

第四节　不同光效基因型油菜苗期叶片对 CO_2 的响应

通过叶片 CO_2 响应曲线计算不同光强条件下的光合特征参数如表 4-3。由表 4-3 可以看出，不同光强下的最大光合速率除了在光强 $200\mu mol/(m^2 \cdot s)$ 下的表现为 S116＜ZS9＜S017 外，其他各光强条件下的最大光合速率均表现为 S116＞ZS9＞S017。就单个品种（系）来说，最大光合速率也均表现为随光强的减小呈现先增加后减小的趋势。从 CO_2 补偿点来看，高光效品系 S116 和对照 ZS9 均表现为随光强的减小呈先升高后降低的趋势。比较不同光效基因型油菜叶片不同光强条件下的 CO_2 补偿点可以看出，在 $1\ 000\mu mol/(m^2 \cdot s)$

和 400μmol/（m² · s）的光强条件下表现为 ZS9＞S116＞S017，在 800 ［μmol/（m² · s）］和 600 ［μmol/（m² · s）］的光强条件下表现为 S116＞ZS9＞S017，而在 200 ［μmol/（m² · s）］的光强条件下表现为 ZS9＞S017＞S116。从光呼吸速率来看，S116 和 ZS9 均表现为随光照强度的减小呈现先降低后升高再降低的趋势，而 S017 则随光照强度的减小呈现先升高后降低的趋势。

表 4 - 3　不同光强条件下的 CO_2 响应曲线特征参数

光强 ［μmol/ (m² · s)］	S116 ［μmol/（m² · s）］			ZS9 ［μmol/（m² · s）］			S017 ［μmol/（m² · s）］		
	最大净光合速率	光呼吸速率	CO_2补偿点	最大净光合速率	光呼吸速率	CO_2补偿点	最大净光合速率	光呼吸速率	CO_2补偿点
1 000	22.54	5.64	14.84	19.6	4.04	16.84	18.47	2.83	6.06
800	32.28	2.52	19.96	31.21	2.53	17.94	25.30	4.65	12.91
600	32.29	3.98	24.91	29.58	2.93	20.71	21.32	3.81	12.85
400	27.42	3.44	19.25	27.38	3.87	20.59	15.00	3.15	12.33
200	17.67	1.94	7.04	18.83	1.03	14.27	19.72	3.42	13.99

第五节　不同光效基因型油菜苗期叶片的叶绿素荧光动力学参数

F_v/F_m 是 PSⅡ反应中心暗适应下的最大光化学效率，反映光合系统潜在的光化学效率。F_v'/F_m' 是 PSⅡ反应中心光适应下的最大光化学效率，表征 PSⅡ反应中心在光适应下的激发能捕获效率。由图 4 - 5（a）和（b）可以看出，不同光效基因型油菜叶片的 F_v/F_m 和 F_v'/F_m' 均存在一定差异，且均呈现 S116＞ZS9＞S017 的趋势，但 3 个品种在 F_v/F_m 上的差异明显高于 F_v/F_m。经强光照射后 S116、ZS9 和 S017 的光化学效率分别降低到暗适应下最大光化学效率的 60.28%、64.91% 和 67.29%。光适应下 PSⅡ实际光化学效率（$\Phi_{PSⅡ}$）主要反映光下 PSⅡ反应中心的光能捕获效率，表示用于光化学反应的光能占进入 PSⅡ反应中心光能的比例。试验中，低光效品系 S017 的 $\Phi_{PSⅡ}$ 显著低于高光效品系 S116 和对照 ZS9，表明 S017 的 PSⅡ反应中心光能捕获效率较低 ［图 4 - 5（c）］。

从图 4 - 5（d）可以看出，低光效品系 S017 的光化学猝灭系数（q_p）显著低于 S116 和 ZS9，表明低光效品系 S017 光化学转化效率低于高光效品系

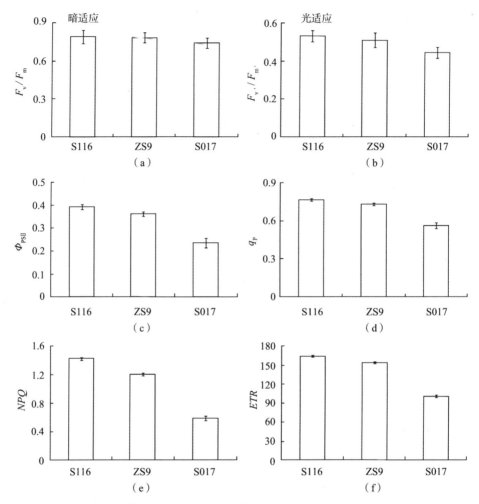

图 4-5 不同光效基因型油菜苗期叶片的叶绿素荧光动力学参数

S116 和对照 ZS9。同时，从图 4-5 (d) 可以看出，高光效品系 S116 还具有较高的热耗散效率。高光效品系 S116 的非光化学猝灭系数（NPQ）显著高于对照 ZS9 和低光效品系 S017，其非光化学猝灭系数（NPQ）分别是 ZS9 和 S017 的 1.2 和 2.4 倍。S116 的表观光合电子传递速率（ETR）也显著高于 ZS9 和 S017，说明高光效品系 S116 在电子传递效率上优于 ZS9 和 S017，在光能利用中也占有优势。

第六节　不同光效基因型油菜的角果皮光合速率

不同光效基因型油菜的角果皮光合速率存在一定差异。从花后 10d 开始，高光效品系 S116 角果皮光合速率基本呈现直线上升趋势，至花后 20d 时达到光合速率最高值 $14.61\mu mol/(m^2 \cdot s)$，比花后 15d 时的光合速率增加了 44.37%；随后开始下降，到花后 25d 时其光合速率仅为花后 15d 时的 65.37%。与高光效品系 S116 不同，低光效品系 S017 和 ZS9 均是在花后 15d 时达到光合速率最高值，随后开始逐渐下降；从光合速率的最高值比较来看，对照 ZS9 的光合速率最高值显著高于 S017，约为 S017 的 1.5 倍。从角果发育的整个过程来看，角果皮光合速率均表现出 S116>ZS9>S017 的趋势。

第七节　不同生育时期油菜角果皮和 C_4 途径酶活性

RuBP 羧化酶是 C_3 作物同化途径的关键酶。由表 4-4 可以看出，随着角果皮的生长发育进程，不同光效基因型油菜角果皮中 RuBP 羧化酶活性均呈现先升高后降低的趋势，不同光效品种（系）角果皮中 RuBP 羧化酶活性最高值出现的时间均为 15d。不同光效品种（系）均在达到最高值后开始下降。在角果皮发育的整个生育期中，不同品种（系）角果皮中 RuBP 羧化酶活性均表现为 S116>ZS9>S017。

表 4-4　油菜角果皮 RuBP 羧化酶活性 $\left[\mu mol/(min \cdot g)\right]$

品种（系）	花后 10d	花后 15d	花后 20d	花后 25d	花后 30d
S116	11.67±1.22a	12.49±1.03a	11.07±1.14a	6.99±0.49a	4.53±0.43a
ZS9	9.31±0.73ab	12.27±1.11a	8.84±0.68b	4.11±0.51b	1.77±0.15b
S017	8.23±0.82b	8.29±0.77b	7.65±0.66c	3.37±0.22b	2.18±0.24b

注：不同字母表示差异显著。

PEP 酶、NADP-MDH、NADP-ME 和 PPDK 4 种光合酶是作物完成 C_4 同化途径的关键酶。由图 4-6 可以看出，PEPCase、NADP-MDH、NADP-ME 和 PPDK 在不同光效基因型油菜品种（系）角果皮中均存在，但活性有所不同。由图 4-6（a）可以看出，作为 C_4 途径的主要起始酶之一，不同光效基因型油菜角果皮中 PEPCase 活性在 $3.82\sim4.72\mu mol/(g \cdot min)$，活性大小为 S116>S017>ZS9。PPKD 是再生磷酸烯醇式内酮酸的特定酶，在不同角果

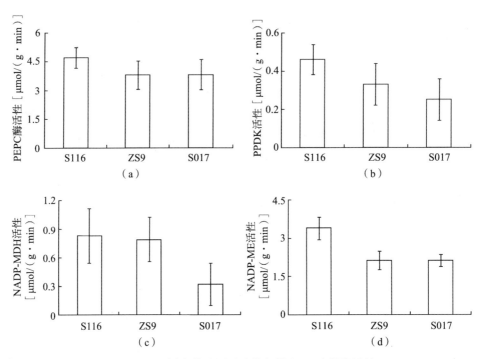

图 4-6　不同光效基因型油菜角果皮 C_4 途径酶活性

皮中呈现出 S116＞ZS9＞S017 的趋势 ［图 4-6（b）］，S116 中 PPKD 分别比 ZS9 和 S017 高 28.3％和 45.7％。从图 4-6（c）可以看出，不同光效基因型油菜 NADP-MDH 活性在 0.32～0.83μmol/(g·min)，其中 S116 和 ZS9 角果皮中 NADP-MDH 活性差异不显著，但显著大于 S017，分别比 S017 高 61.4％和 59.5％。从 C_4 途径关键酶 NADP-ME 活性来看，ZS9 和 S017 无显著差异，但均显著低于 S116（$P<0.05$）ZS9 和 S017 角果皮中 NADP-ME 活性分别比 S116 低 37.2％和 37.5％［图 4-6（d）］。

第八节　不同光效基因型油菜农艺性状

与 S017 和 ZS9 相比，高光效品系 S116 在苗期就明显呈现出出苗快、营养生长迅速的特点，这也说明高光效品系 S116 在苗期即呈现高光效生理特征。由表 4-5 可知，高光效品系 S116、低光效品系 S017 和对照 ZS9 在株高、分枝位、一次有效分枝数和每角粒数等农艺性状指标上差异不显著（$P>0.05$）。但高光效品系 S116 与其他两个品种（系）比较，仍具有以下特点：较高的株高、较低的分枝位、较多的一次性分枝数和适中的每角粒数。相关性分析结果表明，高光效品系 S116 在单株有效角果数、千粒重和单株产量 3 个农艺性状指标上显著高于低光效品系 S017。S017 的单株有效角果数、千粒重和单株产量仅分别为 S116 的 64.67%、74.42% 和 57.76%。而 S116 的单株有效角果数、千粒重和单株产量也分别比对照 ZS9 高 29.53%、13.16% 和 26.78%。

表 4-5　不同光效基因型油菜农艺性状比较

品种（系）	株高（cm）	分枝位（cm）	一次有效分枝数（个）	单株有效角果数（个）	每角粒数（粒）	千粒重（g）	产量（g/株）
S116	171.0±9.2a	59.3±6.1a	8.4±1.5a	414.1±24.4a	20.9±1.6a	4.3±0.5a	23.2±3.2a
ZS9	166.7±8.1a	61.3±7.6a	8.1±1.8a	319.7±23.9b	21.5±3.5a	3.8±0.4ab	18.3±2.1b
S017	161.9±11.4a	59.0±5.7a	7.8±2.3a	267.8±18.2c	19.8±3.9a	3.2±0.6b	13.4±2.5c

注：不同字母表示差异显著。

第九节　讨论与结论

目前，对作物光合作用日变化的争论焦点主要集中在对光合"午休"现象的解释上。一些研究认为，光合"午休"是由植物体内的生物钟调节来决定的，如邓仲簧（1994）和高辉远等（1994）对水稻和大豆光合"午休"的研究；还有一些研究认为，光合"午休"是由于外界环境条件影响的结果，如许大全等（1984）对小麦等的研究认为，高温、高光强以及低相对湿度的逆境条件是中午前后光合速率下降的主要原因。胡会庆等（1998）认为油菜的光合"午休"可能是受植物体内生物节律（生物钟）调节的一种生物学特性，但这种特性只有在午后高温、高光强的条件下才能得以表现，而在光强、温度较适宜的中午并不出现光合"午休"现象。这可能是油菜在长期自然选择的过程中形成的一种适应逆境的生理保护机制。本研究以 3 个不同光效基因型油菜品种为材料的试验结果表明，低光效和中光效品种（系）出现了光合"午休"现象，但同等条件下高光效基因型为表现出明显的光合"午休"现象，因此，推测油菜光合"午休"现象很可能与植物自身节律无关，而主要是受外界环境影响。高辉远等（1994）、郑国生等（1994）的研究均表明大豆的光合日变化受生长环境、气候条件以及生育期等的影响，并随外界条件的变化而变化，不遵循某一种或几种固定不变的模式。张永平等（2011）认为，灌浆期小麦穗和和穗下节间光合速率日变化呈单峰曲线，而旗叶叶片与旗叶鞘光合速率均呈双峰型，表现出不同程度的"午休"。张治安等（2006）认为，环境因子合适时，叶片不会产生光合"午休"现象。因此,一些植物光合作用日变化是各种生理生态因子综合效应的反应,不同光合特性品种间应该有一个环境因子的耐受度,到温度、干旱或光强等超过了该品种的耐受度的阈值时,则植物开始启动气孔关闭机制,形成所谓的光合"午休"现象。但这种光合"午休"现象并不是贯穿于作物全生育期的固有节律,而是植物为了避免被伤害而形成的一种自我保护机制。

光响应曲线是反映作物光合速率随光照强度的变化特性,它是判定植物光合能力的一个非常重要的途径和手段。采用非直角二次曲线拟合获得了较好的光响应曲线,同时计算获得不同光效基因型油菜的光合能力特征参数。在本研究中,无论是通过光响应曲线或是 CO_2 响应曲线所获得的光饱和点均较低,分析认为,一方面是由于油菜苗期环境温度相对较低影响了光饱和点的大小,而另一方面可能是由于在进行高光强或高 CO_2 浓度的环境中进行模拟曲线的测量忽略了植物叶片对环境的适应,因此,油菜叶片气孔未能得到充分开启从而导致了光饱和点的相对较低。结果还表明,油菜高光效品系具有较高的表观光量子效率、光饱和点和最大净光合速率,具有较低的光补偿点,适中的光呼吸速率。一些研究认为,高光效品种具有较高的净光合速率和较低的光呼吸。研究结果表明,高光效品系 S116 的暗呼吸速率在所有叶位叶片都没有表现为最低。因此,保持适当的暗呼吸速率可能有利于叶片保持适当活跃的生理状态。从理论上讲,一方面暗呼吸是植物碳收支的重要组成部分,另一方面植物的新陈代谢速率又常用暗呼吸速率来表示。因此达到最佳生理状态应是植物自生协调机制的一个重要原则。在此原则下,再去寻求高效碳同化产物的高效积累机制。

一些研究认为,油菜角果皮具有比叶片更高的净光合速率和蒸腾速率(王春丽等,2014)。但测定结果表明,角果皮上的净光合速率反而低于叶片,Hua 等(2012)也获得了类似的结果。作者认为造成这种矛盾结果的原因,一方面是,由于不同试验选择的测定生育时期不同:王春丽等(2014)选择在油菜结角期(终花后 16d)对角果皮和叶片净光合速率进行比较,此时角果层接受大部分光辐射,但温、光等并不是叶片进行光合作用的最佳状态;而作者和 Hua 等(2012)的测定均是在油菜生长的不同时期分别测定其叶片和角果光合速率,角果生长发育前期的温光条件可能更有利于油菜叶片的光合作用。大量研究结果也表明,结实器官的光合特性具有较高的光饱和点,更能适应高光强的环境。另一方面,不同生育期进行光合测定的数值能否进行比较可能还有待商榷。因此认为,油菜角果皮高的净光合效率很可能是由于其具有较长的光合高值持续期和高温高光强等光温资源的有效利用上。同时,终花后较大的油菜绿色角果皮面积、较高的光合活性以及对角果光合状况对籽粒产量的直接相关性可能是其对产量贡献较大的主要原因。

　　RuBP 羧化酶是 C_3 作物进行光合作用的限速酶。研究结果表明，对与中光效和低光效品种（系）来说，油菜角果皮光合速率变化基本与 RuBP 羧化酶活性同步，但高光效油菜角果皮表现出了光合速率先于 RuBP 羧化酶活性达到峰值现象。因此，推测在高光效油菜角果皮中可能有另外一套区别于 RuBP 羧化酶的碳同化途径或有利于光合作用增益的碳循环途径存在。张耀文等（2008）也推测油菜角果可能具有高活性的 C_4 途径酶和类似 C_4 途径的循环途径。测定结果表明不同光效基因型油菜品种（系）角果皮中均存在磷酸烯醇式丙酮酸羧化酶（PEPC），苹果酸脱氢酶（NADP-MDH），苹果酸酶（NADP-ME）和丙酮酸磷酸二激酶（PPDK）4 种 C_4 途径酶，因此，油菜角果皮中很可能具有一个较为完整的 C_4 同化途径或 C_4 微循环，从而发挥高效的碳同化作用。Ku 等（1999）认为，磷酸烯醇式丙酮酸羧化酶（PEPC），苹果酸脱氢酶（NADP-MDH）、苹果酸酶（NADP-ME）和丙酮酸磷酸二激酶（PPDK）等是 C_4 途径同化系统在高温高光强及较低 CO_2 浓度等逆境下保持较高的碳同化效率、优于 C_3 途径的主要原因。对三种不同光效基因型油菜 C_4 途径酶活性的测定结果也表明，高光效与低光效油菜在光合酶上的差别不仅仅是在 RuBP 羧化酶活性差异上，同时 C_4 途径酶活性间的差异也可能是导致不同品种（系）间光合速率差异的主要原因。郝乃斌（2004）也认为高光效品种光合速率与 RuBP 羧化酶活性间的不同步性很可能与 C_4 途径酶的启动有关。李卫华等（2000）发现高光效大豆"黑农 41"生育期内，净光合速率与 C_4 途径表达程度具有较强的相关关系，即当 C_4 途径酶活性较高时其净光合速率也较高。

　　从产量及其构成因子来看，高光效品种（系）在产量、千粒重、单株角果数等指标上显著高于低光效品种（系）；其他指标如株高、分枝位、一次有效分枝数以及每角粒数等与低光效品种（系）间差异未达到显著性水平。韩俊梅（2013）的研究结果表明，大豆净光合速率与单株粒重、千粒重等产量及产量构成因素关系密切。张建红（2012）在转玉米 PEPC 基因小麦的后代中也发现了千粒重和单株产量均显著提高的株系。郑宝香等（2008）认为，大豆光合速率与单株重、单株粒重等农艺性状均表现为正相关，但不同光效基因型品种中，高光效大豆品种的净光合速率与农艺性状之间的相关性远比低光效品种更加密切。

第五章　油菜高光效的生理生化特征

　　叶片是油菜开花前最主要的光合器官，开花后由于叶片的大量脱落，角果成为其主要的光合器官。研究表明，在形成油菜籽产量的营养物质中约有 1/3 来自叶片的光合作用（许大全，2002）。而且绝大部分的经济产量是来自于开花后即生殖生长期的光合作用。油菜植株进入生殖生长阶段后，由于叶片衰老速率的增加，叶片净光合速率及叶片光合面积均表现出快速下降的趋势。此时短柄叶作为油菜蕾薹期和花期接触光源的重要组成部分，对油菜角果生长及产量构成具有不可替代的作用。在结角期，角果层吸收了约 80% 的太阳入射有效光，此时角果层贡献最大，角果层光合产物占此期总光合产物的 80%～95%（胡会庆等，1998）。稻永忍等（1981）通过对油菜角果碳素代谢的测定，发现角果增重物质中有约 70% 来自其自身的光合产物。冷锁虎等（1992）通过采用环割果柄和角果遮光两种方法，均表明籽粒灌浆物质中约有 2/3 来自角果皮的光合产物。目前，角果皮光合作用对籽粒形成的重要性已毋庸置疑。一些研究结果也表明，角果兼具有源和库的双重作用，其绿色的角果皮光合效率较高，光合产物可就近直接运输到种子中，对油菜产量贡献巨大研究表明，作物光合器官的净光合速率与其生理生化指标间关系密切。冯国郡等（2013）认为，叶绿素含量、PEP 羧化酶、总氮含量、总蛋白含量均可作为甜高粱高光效育种的生理生化指标。包括抗氧化酶如 SOD、CAT 和 APX 等在内的抗氧化系统可以通过清除活性氧而起到光保护作用。Wong 等（1985）认为叶片净光合速率的高低与 RuBP 羧化酶活性以及可溶性蛋白含量密切相关。植物叶片生长过程中，特别是在其衰老进程中抗氧化体系活性的降低和膜脂过氧化水平的增加，可能影响到与 N 代谢相关的酶及蛋白质合成能力，进而影响到作物的光合能力。油菜花期和角果期均处于温度较高、光照较强的月份，此时油菜叶片和角果皮的抗光氧化能力对于其光合作用的发挥可能显得尤为重要。因此，探讨油菜光合衰退特征与其生理生化指标间的关系对于深入了解油菜光合特征、构建油菜高光效生理体系具有重要意义。本章拟通过分析油菜叶片和角果皮光合衰退过程中净光合速率与 RuBP 羧化酶活性以及其他生理生化指标如叶绿素含量、可溶性蛋白含量、SOD 活性、CAT 活性和 MDA 含量等之间的相关关系，探寻油菜叶片和角果皮的光合特征差异及其原因，为延长叶片和角果皮高值光合持续期、建立油菜高光效生理特征体系、探索提高油菜产量的途径，以及为指导油菜高光效栽培和育种提供理论依据。

选取生育期相对基本一致的 3 个甘蓝型油菜品种中双 9 号（ZS9）、中油杂 11（ZYZ11）、华油杂 14（HYZ14）为试验材料。试验采用田间试验和盆栽试验相结合的方式。田间试验在中国农业科学院油料作物研究所试验田进行，于 9 月 26 日播种，土壤肥力水平中等，播种前 667m² 施 20kg 尿素、35kg 过磷酸钙、8kg 硫酸钾作基肥。5 叶期每亩施尿素 12kg 作苗肥。密度为每 667m² 1.6 万株。每个品种播种 3 个小区作为 3 次重复，小区面积 20m²。在中国农业科学院油料作物研究所盆栽试验场开展盆栽试验，供试土壤取自于中国农科院油料研究所阳逻基地，为黄棕壤。土壤理化特性为：pH6.8，有机质含量 13.02g/kg、全氮含量 0.95g/kg、硝态氮含量 7.88mg/kg、铵态氮含量 3.31mg/kg、有效磷含量 9.14mg/kg、速效钾含量 121.57mg/kg。油菜播种期将油菜种子播种于聚乙烯塑料盆（直径 30cm、高 30cm），盆底中央有排水孔，每盆装土 5kg。播种前每盆施入尿素 0.70g、氯化钾 0.39g、过磷酸钙 1.95g 和硼砂 0.03g。将经过挑选的油菜种子用 0.1% $HgCl_2$ 溶液消毒 10min，去离子水清洗干净后置于培养箱中 25℃ 催芽，待种子露白后，播种于盆钵中。定时浇水，保持土壤水分在田间最大持水量的 70% 左右。3 叶期定苗，每盆均匀保留 2 株幼苗。

第一节　短柄叶生长发育过程中光合及生理特征

一、短柄叶生长发育过程中光合速率的变化

由图 5-1 可以看出，供试的 3 个油菜品种叶片光合速率随叶片衰老进程的加剧均呈现出下降趋势。其中中双 9 号和华油杂 14 号表现为相似的下降趋势，而中油杂 11 号表现为先升高后下降。在测量后期（3 月 29 日以后），3 个油菜品种的油菜短柄叶光合速率下降明显增速，其中中油杂 11 短柄叶光合速率降幅最小，达 35.29%；光合速率下降最快的中双 9 号降幅达到了 57.97%。这说明短柄叶生长后期是其衰老的加速期。

二、短柄叶生长发育过程中可溶性蛋白质含量和 RuBP 羧化酶活性的变化

可溶性蛋白质含量和 RuBP 羧化酶活性均呈逐渐降低的趋势（图 5-2）。在叶片衰老初期可溶性蛋白质含量保持稳定，但在后期出现了明显下降；其中

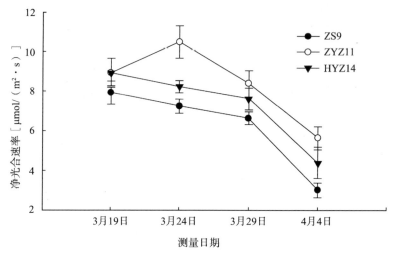

图 5-1　油菜叶片生长发育过程中光合速率的变化

以中双 9 号和华油杂 14 下降较快，而中油杂 11 下降相对较慢。RuBP 羧化酶作为光合碳同化的关键酶，其活性高低直接影响光合速率的大小。从图 5-1 和图 5-2（b）的对比可以看出，短柄叶的 RuBP 羧化酶活性与光合速率变化趋势基本一致，但 RuBP 羧化酶活性下降的加速期明显先于短柄叶光合速率。在叶片生长中后期，RuBP 羧化酶活性已经下降到了一个较低的水平，此时 RuBP 羧化酶活性的下降速率也逐渐趋缓；3 个供试品种中，以中油杂 11 的 RuBP 羧化酶活性下降最慢，仅下降了 21.95%，而中双 9 号和华油杂 14 的 RuBP 羧化酶活性下降均达到了 50% 以上。

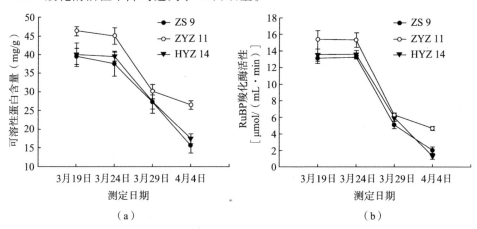

图 5-2　油菜叶片生长发育过程中可溶性蛋白质和 RuBP 羧化酶含量的变化

三、短柄叶生长发育过程中 SOD、CAT 和 MDA 的变化

自由基伤害假说认为，叶片衰老过程中自由基积累，自由基清除能力降低。因此，与自由基积累、自由基清除能力有关的 SOD、CAT、丙二醛（MDA）含量等均被认为是叶片衰老的重要生理指标（图 5-3，图 5-4）。在本试验中，除华油杂 14 短柄叶中的 CAT 表现出了先升高后降低的变化趋势外，其余两个油菜品种中双 9 号和中油杂 11 短柄叶中 SOD 和 CAT 活性的变化趋势基本一致，在净光合速率变化还处于稳定期时已经表现为明显下降，其中 CAT 活性下降快于 SOD 的下降速率。与 SOD、CAT 等生理指标变化趋势不同，随着光合速率的下降，油菜短柄叶中 MDA 不断积累，MDA 含量在叶片衰老过程中呈现上升趋势；且各品种间 MDA 含量差异显著，中双 9 号的上升幅度明显大于其他品种，中油杂 11 和华油杂 14 的 MDA 积累较为缓慢。

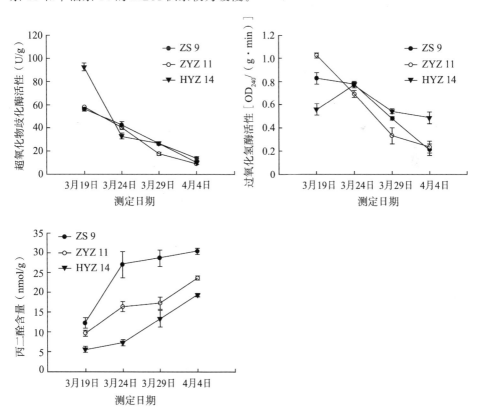

图 5-3 油菜叶片生长发育过程中 SOD、CAT 和 MDA 的变化

四、短柄叶生长发育过程中叶绿素含量的变化

在叶片生长发育过程中，叶绿素含量是反应叶片衰老进程和变化的一个重要指标。在短柄叶生长发育过程中，叶绿素含量（用 SPAD 表示）呈现了先升高后降低的趋势。3 个油菜品种的叶绿素含量在短柄叶全展初期均升高，但随后出现下降，在叶片衰老中后期，两个杂交种（中油杂 11 号和华油杂 14 号）的叶绿素含量明显高于常规种中双 9 号。

五、短柄叶光合速率与生理生化指标之间的关系

对短柄叶生长发育过程中光合速率与其生理生化指标之间进行了相关性分析，结果表明，光合速率与 RuBP 羧化酶活性和可溶性蛋白质含量之间均呈现极显著正相关关系（$P<0.01$），与 SOD 活性和 SPAD 之间呈显著的二次抛物线关系（$P<0.05$），但 CAT 活性与净光合速率之间的相关关系不显著。短柄叶生长发育过程中光合速率与丙二醛含量呈负相关，但相关性不显著（$P>0.05$）。

第二节　角果发育过程中角果皮的光合与生理特征

一、角果发育过程中角果皮光合速率的变化

对油菜角果生长发育过程中角果皮的净光合速率变化也进行测定，结果表明，不同油菜品种角果皮均呈现了相似的先升高、后降低的变化趋势。不同品种在其角果生长发育过程中的最主要的差异是其角果皮的光合速率峰值出现的时间有所不同。其中，中双 9 号达到光合速率最大值的时间约为花后 15d，而中油杂 11 和华油杂 14 则为花后 20d 左右。在光合速率下降过程中，各品种先缓慢下降并维持一段时间，随后下降速率加快。3 个品种中，不同品种光合速率的下降特征明显不同。中油杂 11 的净光合速率达到最高值后先维持一段时间的缓慢下降，在第 35d 时光合速率加速下降；中双 9 号和华油杂 14 在角果生长发育后期净光合速率呈匀速下降。但在角果生长发育后期以中油杂 11 后期下降最为迅速，在花后 25～35d，光合速率仅下降 12.1%，而在花后 35～40d，光合速率下降幅度达 60.6%。与叶片相比，角果光合速率变化特征总体一致，但角果光合持续期要明显长于叶片。

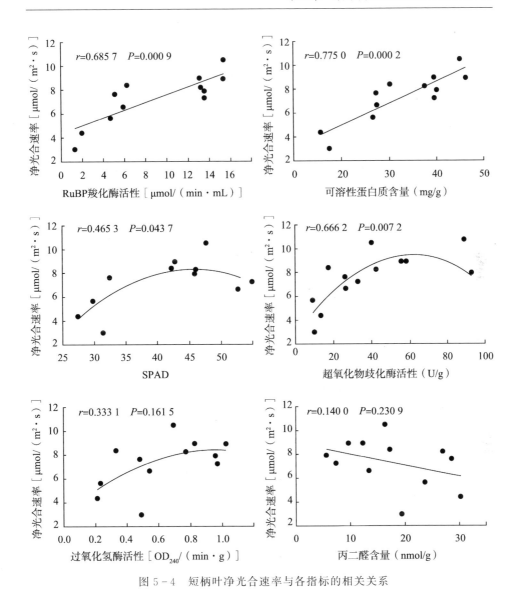

图5-4 短柄叶净光合速率与各指标的相关关系

二、不同品种角果皮 RuBP 羧化酶活性和可溶性蛋白质含量变化

不同品种角果可溶性蛋白质含量如图5-5（a）所示。在角果生长发育过程中，角果皮中可溶性蛋白质含量变化呈现下降的趋势，在花后30d以前基本保持匀速下降，到花后30d以后下降速度趋缓，且3个品种下降的速率基本一

致。在角果的整个生育期中，杂交品种（中油杂 11 和华油杂 14）角果中可溶性蛋白质含量比常规品种中双 9 号高。在降低到一定水平后，即在花后 30d 时，3 个油菜品种可溶性蛋白含量的下降速率开始变缓。在花后 30～40d，可溶性蛋白质含量基本均基本处于稳定。此时，可溶性蛋白质含量比较，中油杂 11＞华油杂 14＞中双 9 号。

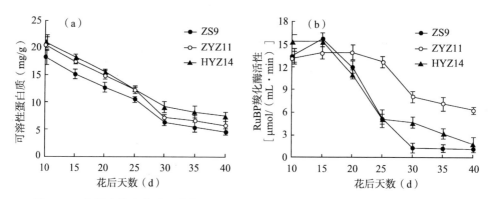

图 5-5　角果生长发育过程中角果皮可溶性蛋白质含量和 RuBP 羧化酶活性的变化

RuBP 羧化酶是影响光合速率大小的光合碳同化关键酶（图 5-6）。与可溶性蛋白的变化趋势不同，不同品种角果 RuBP 羧化酶活性变化基本上呈现先升高、后降低的趋势，下降至较低水平后基本保持不变［图 5-5（b）］。但不同品种角果在不同生长发育阶段 RuBP 羧化酶活性变化明显不同。在角果发育初期，中油杂 11 号 RuBP 羧化酶活性较中双 9 号和华油杂 14 低，随着角果生长发育进程，中油杂 11 号 RuBP 羧化酶活性的下降速率明显低于中双 9 号和华油杂 14，呈现约 15d 的高值持续期（花后 10～25d）才开始缓慢下降，而中双 9 号和中油杂 11 的 RuBP 羧化酶活性在 13.55～16.62μmol/(mL·min)浓度仅维持 5d（花后 10～15d），在花后 15～25d，RuBP 羧化酶含量迅速下降至 5.29～5.93μmol/(mL·min)。在下降至较低水平后，三个供试品种的 RuBP 羧化酶活性均表现为缓慢下降，但中油杂 11 显著高于其他两个品种。

三、不同品种角果皮 SOD、CAT、MDA 变化

不同品种间角果 SOD 活性变化规律差异较大［图 5-7（a）］。华油杂 14 角果 SOD 活性先迅速下降（花后 10～15d），然后保持不变（花后 15～30d），在花后 30～40d 又呈现加速下降趋势。与华油杂 14 不同，中双 9 号角果 SOD 活性先缓慢下降（花后 10～15d），随后下降速率加快（花后 15～25d），最后

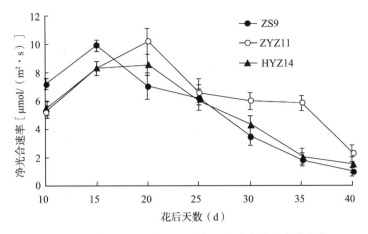

图 5 - 6　角果生长发育过程中角果皮净光合速率的变化

在花后 25～40d 时基本维持不变。而中油杂 11 在整个角果生长发育期其 SOD
活性基本保持平稳下降，没有明显的速降期。华油杂 14 的角果 SOD 活性在整
个角果生育期均要显著高于中双 9 号和中油杂 11。

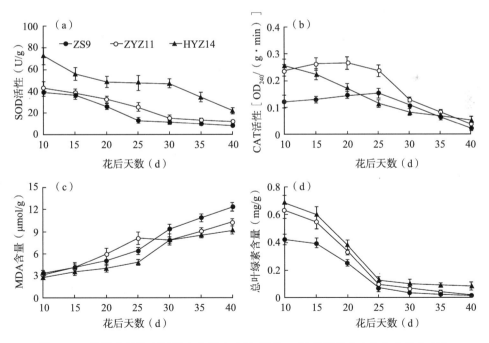

图 5 - 7　角果生长发育过程中角果皮 SOD 活性、CAT 活性和 MDA 含量的变化

从角果生长发育及衰老过程中 CAT 活性来看，中双 9 号与中油杂 11 的变

化趋势基本一致，呈现先上升后下降的趋势；但华油杂 14 在整个角果生长发育期均表现为稳态下降趋势，没有明显的速降期［图 5-7（b）］。在角果生长发育初期，华油杂 14 角果皮 CAT 活性最高。随着角果皮的生长发育进程，中油杂 11 和中双 9 号的角果皮 CAT 活性分别在花后 20d 和花后 25d 时达到峰值，均显著高于华油杂 14。随后中油杂 11 和中双 9 号的角果皮 CAT 活性均在花后 25d 时开始加速下降，此时华油杂 14 角果皮 CAT 活性仍然处于稳态下降状态。中油杂 11 的角果 CAT 活性在角果生长发育前期（花后 10～25d）要显著高于中双 9 号，但到角果生长发育后期（花后 30～40d）差距逐渐缩小。

从图 5-7（c）可以看出，不同品种角果 MDA 含量在角果生长发育及光合衰退过程中均呈现上升趋势。在角果生长发育初期，MDA 含量仅为 2.85～3.42mmol/g，3 个供试品种间 MDA 含量无显著差异（$P > 0.05$）。随着角果的生长发育，不同品种间 MDA 含量变化开始出现差异。如中双 9 号在角果光合衰退过程中，MDA 含量基本匀速上升，没有明显的速升期和平缓期。3 个供试品种在花后 25～30d 时出现较大趋势变化差异，中油杂 11MDA 含量在此期间平缓下降，而华油杂 14 和中双 9 号则出现加速上升趋势。在花后 30～40d，3 个品种的 MDA 含量变化又重新回到上升趋势，但华油杂 14 上升速率最慢，中油杂 11 和中双 9 号上升速率较快，且上升速率基本一致。到花后 40d，角果 MDA 含量以中双 9 号最高（12.33mmol/g），中油杂 11 次之（10.24mmol/g），华油杂 14 最小（9.25mmol/g）。

四、不同品种角果皮叶绿素含量的变化

从图 5-7（d）可以看出，从花后 10d 开始，叶绿素含量变化即开始呈现下降趋势。不同品种间叶绿素含量变化趋势基本一致，但在角果生长发育过程中杂交品种华油杂 14 和中油杂 11 的叶绿素含量显著高于中双 9 号。花后 10d 供试品种叶绿素含量在 0.42～0.69mg/g，在花后 10～15d，叶绿素含量维持高位缓慢下降至 0.39～0.57mg/g，降幅为 8.8%～18.0%。华油杂 14 和中油杂 11 的叶绿素含量要显著高于中双 9 号；在花后 15～25d，叶绿素含量迅速下降至 0.08～0.14mg/g，降幅为 76.1%～80.2%，此阶段华油杂 14 和中油杂 11 的叶绿素下降速率高于中双 9 号。在花后 25～40d，叶绿素含量维持较低水平缓慢下降，下降速率明显低于前期（花后 10～25d），含量在 0.017～0.086mg/g。

五、角果生长发育过程中角果皮光合速率与生理生化指标间的关系

光合速率与相关生理指标的回归分析表明（图 5-8），光合速率与叶绿素

含量、可溶性蛋白质含量、CAT、MDA、SOD 均呈现显著二次抛物线关系，其中与叶绿素含量、可溶性蛋白质含量、CAT、MDA 的相关关系达到极显著水平（$P<0.01$），与 SOD 的相关关系达到显著水平（$P<0.05$），而净光合速率与 RuBP 羧化酶呈现极显著正相关关系（$P<0.01$）。

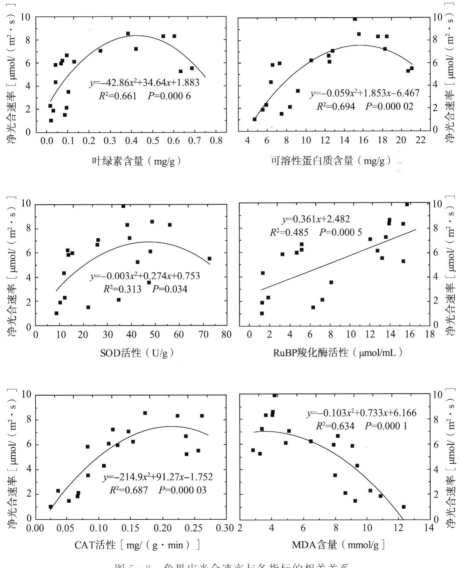

图 5-8　角果皮光合速率与各指标的相关关系

第三节　讨论与结论

大量研究结果表明，RuBP 羧化酶活性与光合速率间呈现显著的相关性。研究结果也表明，角果和叶片光合速率均与 RuBP 羧化酶呈现极显著正相关关系（$P < 0.01$）。认为光合器官中 RuBP 羧化酶活性的下降很可能是导致期光合衰退的主要诱因。在本实验中，较高的 RuBP 羧化酶活性是维持角果皮光合作用高值持续期的重要保证。因此，如何提高光合器官生长中后期 RuBP 羧化酶活性可能是维持其光合高值持续期的关键。无论在叶片或角果皮，都出现了 RuBP 羧化酶活性下降的加速期明显先于短柄叶光合速率的现象。在角果皮中，目前基本上已经明确了形成这种现象的原因可能是由于 C_4 途径的酶作用减缓了光合速率的快速衰退。因此，推测叶片中可能也有这种 C_4 途径酶或 C_4 微循环的存在。相关性分析结果也表明，光合速率与叶片和角果皮中可溶性蛋白含量均呈现出极显著的相关关系（$P < 0.01$）。Cabello 等（2006）也认为 RuBP 羧化酶与可溶性蛋白质含量的减少是引起光合速率的下降的直接原因。本试验中，叶片中可溶性蛋白质随叶片衰老进程而降低，且与净光合速率呈现极显著的线性相关关系，但与角果皮中呈现极显著的二次抛物线关系，这可能与叶片和角果皮光合衰退机制对生理的响应不同有关。

许多研究结果表明，油菜光合功能的变化先于叶绿素含量的下降。叶片的衰老常伴随着叶绿素的降解。叶片衰老致使叶绿素结构破坏，光合磷酸化受阻，ATP 供应不足。这与作者的研究结果一致。本研究中，油菜叶片光合衰退与同期降低的叶绿素含量显著相关（$P < 0.05$），结合同期减少的 RuBP 羧化酶和可溶性蛋白质含量，这也在一定程度上反映出叶片中氮含量随衰老而降低，即叶片光合速率的降低可能与叶片氮含量的变化相关。植物叶片衰老直接表现为叶片光合能力的下降，同时伴随着光合酶活性及抗氧化酶活性的变化及膜脂过氧化的加剧等生理过程。因此，与自由基清除能力相关的 SOD、CAT 活性等均被认为是叶片衰老的重要生理指标。但相关关系分析结果表明，净光合速率与 SOD 活性均呈现极显著相关关系，与 CAT 活性、MDA 含量相关关系不显著。因此，认为以 SOD 活性作为鉴定油菜短柄叶光合效率的特征指标比 CAT 活性和 MDA 含量更具有代表性。有研究指出，抗氧化体系活性的降低以及膜脂过氧化水平的增加共同参与到植物叶片衰老的进程中，可能影响到与氮代谢相关的酶及蛋白质合成能力。因此，油菜叶片氧自由基的增加可能间接影响到叶片的光合能力。

在角果皮中，伴随着 RuBP 羧化酶活性的下降，可溶性蛋白质、叶绿素、

CAT、SOD 在其光合衰退过程中也呈下降趋势，并使得 MDA 含量不断积累。相关性分析结果表明，可溶性蛋白质、叶绿素、CAT、MDA、SOD 均与角果皮光合呈现显著或极显著相关关系。作者认为，这可能与角果光合衰退时期外界环境高温高光照引起的光氧化有关。因此，可溶性蛋白质、叶绿素、CAT、SOD 和 MDA 等可以作为角果光合速率的特征指标。这与 Dhindsa 等（1982）和 Prochazkova 等（2001）的研究结果类似。

　　近年来，人们在水稻、小麦等作物中发现穗部 CO_2 再固定、穗中存在似于 C_4 或 $C_3 - C_4$ 中间型途径，为非叶器官对产量的重要作用提供了一些解释。但具体的作用机制还不甚明确。一些研究者认为，油菜角果皮很可能具有比油菜叶片具有更高的净光合效率。油菜终花期后，主茎叶和分枝叶逐渐衰老，叶面积日渐减少。在近一个月的时间内，角果皮成为油菜的光合作用器官，保证光合作用的正常进行和茎叶营养物质向种子中转运，促进增粒、增重，对后期籽粒产量增加起到了重要作用。作者的研究结果表明，油菜角果皮净光合速率高值持续期长于叶片也是重要因素之一。并且终花期以后，角果皮面积指数（PAI）高于叶面积指数（LAI），从而使得油菜角果皮对产量的贡献高于短柄叶。因此，提高角果净光合速率和延长角果光合持续期，延缓角果光合衰老，是提高油菜产量的可靠途径。

第六章　油菜对光氧化胁迫的生理响应

　　光氧化胁迫是影响作物产量的重要因素之一。在作物生长发育过程中，由于其一直处于一种不断变化的环境系统中，外界环境条件的改变很容易造成作物进行光合作用的光抑制或光氧化伤害。作物在受到如低温、干旱、渍水及病虫害等逆境胁迫时，就会由于作物光合能力降低导致光氧化胁迫的容易发生，同时可能造成双重或多重胁迫的发生，进而影响作物产量。焦德茂（2004）认为，光氧化伤害是影响水稻产量的一个关键生理问题。近年来，由于在油菜生长季节灾害天气频繁，特别是开春后高温、干热风、干旱等极端天气经常发生，这些逆境所导致的光氧化胁迫也是造成油菜减产的重要原因。

　　光氧化时会造成光合结构的破坏，但同时引发光合防御机制的启动。这种光合防御机制的启动恰好也为研究光合防御系统、辨别高光效品种特征提供了机会。冯国郡等（2013）也认为作物的抗光氧化能力等是衡量高效利用光能的重要参数。目前，在油菜上关于光氧化的研究报道还较少，光氧化机制更不明确。甲基紫精（methyl viologen，MV）是一种良好的光氧化逆境模拟处理剂，它对植物的毒性机理主要是通过夺取光合过程中 PSⅠ系统中的电子，并将电子传递给氧气产生超氧分子，使 PSⅡ结构和功能受到伤害，气孔部分关闭和关键酶类氧化失活，从而发生光氧化胁迫。甲基紫精可以较好地模拟自然光氧化，目前被广泛应用于植物的光氧化研究。本章拟通过油菜叶片对光氧化剂甲基紫精的光合特征参数以及生理生化特性在时间和空间上的响应特征，探寻油菜对光氧化胁迫的研究方法以及光氧化抗性的特征性响应指标，为明确高光效油菜的调控途径、进一步提高油菜的光氧化抗性的途径以及高光效油菜资源的筛选提供技术支撑和理论依据。

　　试验分为 2 个部分，一部分是研究油菜幼苗叶片对光氧化胁迫的光合和生理响应。试验在中国农业科学院油料作物研究所盆栽试验场进行。以常规品种中双 11 为材料，于 2010 年 9 月 9 日播种于聚乙烯塑料盆钵中，每钵装土 3kg（营养土：蛭石＝2：1）。3 叶期定苗，共 21 盆，每盆留苗 3 株，待 5 叶 1 心时进行处理。根据由预试验确定的浓度，参照林植芳等（1984）的处理方法，分别在测定前的 2h、3h、4h、5h、6h 和 24h 时将含有 1％吐温 80（V/V）的 1.5mmol/L 甲基紫精溶液涂抹在整株油菜叶片的上表面，同时在测定前 2h 以含有 1%吐温 80 的蒸馏水涂抹为对照。涂抹光氧化剂处理及对照均用黑色塑料袋将整个植株包裹 2h，使甲基紫精渗入叶片，随后用 LI-6400 配备 LED 人工光源叶室测定 1 000μmol/(m² · s) 光照下的光合指标，并分别采集每株油菜的倒 3 叶展开叶（不含叶脉和叶柄）。

　　第 2 部分试验是研究油菜花期叶片对光氧化胁迫的光合和生理响应。试验在中国农业科学院油料作物研究所盆栽试验场进行。以中双 11（ZS11）、中油 821（ZY821）、中双 9 号（ZS9）、湘油 15（XY15）、中油杂 12（ZYZ12）5 个油菜品种为材料，于 9 月 20 日播种。种植与管理方法基本同第五章。3 叶期定苗，每盆留苗 1 株；待盛花期时进行处理。处理方法是将 1.5mmol/L 甲基紫精（1%吐温 80）涂抹于油菜叶片表面，以加入 1%吐温 80 的蒸馏水为对照。随后选择喷施度较好且叶片全展的用黑色塑料袋包裹 2h，使甲基紫精或蒸馏水渗入叶片，根据第五章试验获得的结果，处理 6h 后测定光合指标，并采集每株油菜上部功能叶进行生理生化指标测定。

第一节　油菜幼苗叶片对光氧化胁迫的光合和生理响应

一、光氧化胁迫对油菜苗期叶片叶绿素含量的影响

　　一般认为，在受到光氧化胁迫后，叶绿素含量降低是植物遭受逆境毒害最先表现出来的症状之一。由表 6-1 可以看出，油菜叶片在受到氧化胁迫后，叶绿素 a、叶绿素 b 和总叶绿素含量均降低，且随着光氧化胁迫时间的延长，叶绿素 a 和叶绿素 b 含量逐渐降低，因此总叶绿素含量也随着光氧化胁迫时间的延长而逐渐降低；与对照（即 0h 处理）相比，光氧化胁迫后 5h 后叶绿素 a 与对照间差异达到显著性水平（$P<0.05$），而叶绿素 b 则在光氧化胁迫后 6h 时与对照间差异达到显著性水平（$P<0.05$），同时随着氧化胁迫时间的延长，叶绿素 a 降低的幅度远大于叶绿素 b。因此，与叶绿素 b 相比，叶绿素 a 对光氧化胁迫更敏感，响应时间更早。

表 6-1　光氧化胁迫对叶绿素含量的影响（mg/g）

处理时间	叶绿素 a	叶绿素 b	叶绿素总量
0h	1.42±0.07a	0.30±0.07a	1.72±0.07a
2h	1.37±0.06ab	0.28±0.03a	1.64±00.9a

（续）

处理时间	叶绿素 a	叶绿素 b	叶绿素总量
3h	1.24±0.07abc	0.24+0.07ab	1.40±0.08a
4h	1.20±0.06abc	0.24±0.03ab	1.44±0.06ab
5h	1.07±0.03bc	0.21±0.01abc	1.28±0.08bc
6h	0.89±0.07bc	0.20±0.01bc	1.10±0.06cd
24h	0.78±0.03c	0.18±0.01c	0.96±0.03d

注：不同小写字母代表处理间差异显著。

二、氧化胁迫对苗期叶片光合参数的影响

由图 6-1 可以看出，短期光氧化胁迫后，油菜叶片净光合速率（P_n）、气孔导度（G_s）、胞间 CO_2 浓度（C_i）和蒸腾速率（T_r）等气体交换参数均降低。如图 6-1（a）所示，油菜净光合速率（P_n）随氧化胁迫时间的延长逐渐降低，光氧化 5h 后与对照间（0h）的差异达到极显著水平（$P<0.01$），此时净光合速率仅为对照（0h）的 46.4%；随着处理时间的延长，光氧化处理 24h后，净光合速率仅为 1.26μmol/（m^2·s），下降了 90.3%。光氧化胁迫处理后气孔导度的变化趋势基本与光合速率类似，与对照（0h）气孔导度大小 0.06mmol/（m^2·s）相比，光氧化处理 4h 气孔导度的降低幅度达到极显著水平（$P<0.01$），仅为对照的 70.0%；在 24h 时气孔导度比对照下降了 55.0%，仅为 0.027mmol/（m^2·s）[图 6-1（b）]。

光氧化胁迫对油菜叶片胞间 CO_2 浓度也影响较大。由图 6-1（c）可以看出，油菜叶片胞间 CO_2 浓度随光氧化胁迫处理时间的延长呈现显著下降的变化趋势。与净光合速率 P_n 和气孔导度等光合参数相比，胞间 CO_2 浓度似乎对光氧化胁迫处理更为敏感，在处理后 3h 即出现显著下降（$P<0.05$），在处理 2h 时和 3h 时胞间 CO_2 浓度分别比对照下降了 29.0% 和 47.8%；光氧化胁迫处理 24h 后仅为 76.15μmol/m^2，为对照的 20.3%。从图 6-1（d）可以看出，油菜叶片蒸腾速率对光氧化胁迫处理后的响应相对滞后，但同样随着光氧化胁迫处理时间的延长呈现下降的趋势，在处理 5h 时差异达到显著性水平（$P<0.05$），下降幅度 0.72mol/（m^2·s）；氧化胁迫处理 24h 时，蒸腾速率为 0.62mol/（m^2·s），仅为对照的 32.0%。

光氧化胁迫处理后，油菜气孔限制值呈现极显著升高的变化趋势 [图 6-1（e）]。对照气孔限制值仅为 0.027%；光氧化处理后，气孔限制值随光氧化

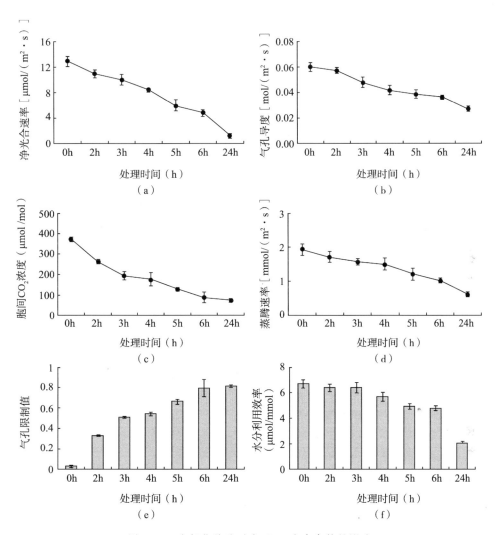

图 6-1　光氧化胁迫对中双 11 光合参数的影响

胁迫时间的延长而显著升高（$P<0.01$），氧化胁迫 24h 时达到最大，为 0.816 3%，此时胞间 CO_2 浓度最低，净光合速率受影响最大。与气孔限制值（L_s）变化趋势相反，水分利用率（WUE）随着光氧化胁迫时间的延长呈现降低趋势［图 6-1（f）］，但响应速度明显较慢，在 0～6h 内与对照差异未达到显著性水平（$P<0.05$），即与其他光合参数相比，水分利用效率对光氧化胁迫的响应相对滞后。在氧化胁迫 24h 时，WUE 下降显著（$P<0.05$），仅为 2.03μmol/mol，下降幅度为 69.57%。

三、短期光氧化对抗氧化酶活性的影响

由图 6-2 可知，油菜苗期叶片 SOD 活性受光氧化胁迫后显著上升，并随光氧化胁迫时间的延长呈先升高后降低的变化趋势；在光氧化胁迫的前 4h 内 SOD 活性逐渐上升，在胁迫的第 4h 时达到最大值 485.16U/g（FW），较对照升高了 72.74%；随后开始下降，胁迫 24h 时 SOD 活性降为 318.05U/g（FW），但仍比对照高 77.79U/g（FW）。油菜苗期叶片内 POD 活性也受光氧化胁迫后变化显著。与 SOD 活性变化趋势类似，POD 活性也随着光氧化胁迫时间的延长呈先升高后降低的趋势；在光氧化胁迫 6h 时，POD 的活性达到最高值，为 929.33U/（g·min），为对照的 1.69 倍。随着胁迫时间的进一步延长，POD 活性开始降低，在胁迫处理 24h 时 POD 活性较最高时降低了 51.33U/（g·min）。由图 6-2 可以看出，光氧化胁迫处理后 CAT 活性与 POD 活性变化趋势基本一致，但 CAT 响应相对较慢。未进行光氧化胁迫处理时，油菜叶片 CAT 活性为 460.67U/（g·min）。光氧化胁迫处理后，CAT 的活性开始升高，在 6h 时达到峰值，比对照高 62.81%。随着光氧化胁迫时间的延长，CAT 活性开始降低，24h 时 CAT 酶活性降为 581.33U/（g·min），但仍比对照高 120.66U/（g·min）。

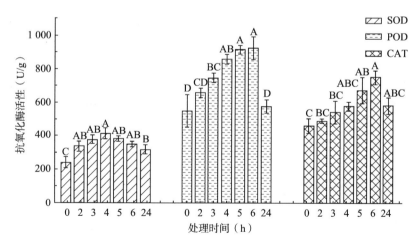

图 6-2　光氧化处理对 SOD、POD、CAT 活性的影响

注：不同大写字母分别代表处理间差异显著性（$P<0.01$）；误差线代表标准误（$n=3$）。

四、光氧化对超氧根阴离子合成速率和丙二醛含量的影响

活性氧对植物细胞有很强的毒害作用。活性氧可导致蛋白质、膜脂和其他细胞组分的损伤。从图 6-3（a）可以看出，光氧化胁迫后，油菜叶片超氧根阴离子（O_2^-）的合成速率显著升高，并随光氧化胁迫时间的增加呈现先上升后下降的变化趋势。在光氧化处理后 6h 时达到最高，为 7.37nmol/（min·g），较对照高 98.65%。从 O_2^- 的合成速率增加的速度来看，处理 4h 后叶片内 O_2^- 合成速率增加的速度明显减缓。光氧化胁迫 6~24h 时间段内，O_2^- 合成速率呈现一定的下降趋势，但仍然保持较高的水平，处理 24h 时的 O_2^- 合成速率是对照的约 1.7 倍。由图 6-3（b）可以看出，MDA 含量随着光氧化胁迫时间的延长呈现先升高后降低的变化趋势。光氧化胁迫处理 6h 后油菜叶片 MDA 含量达到最大，为 11.7μmol/g，较对照高 79.17%；随着处理时间的增加，叶片内 MDA 含量呈现下降的趋势，光氧化处理后 24h 后 MDA 含量降为 8.91μmol/g，但仍显著高于对照（$P<0.01$）。

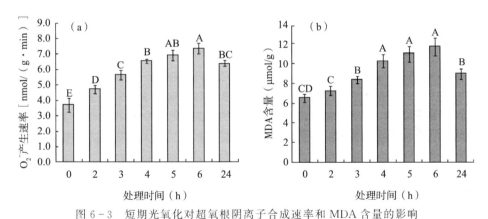

图 6-3　短期光氧化对超氧根阴离子合成速率和 MDA 含量的影响

五、短期光氧化对可溶性蛋白和可溶性糖含量的影响

由图 6-4（a）可看出，可溶性蛋白含量受光氧化胁迫后变化趋势较为平缓；光氧化处理 5h 后差异仍然未达到显著性水平。正常条件下，油菜叶片内可溶性蛋白含量为 15.2mg/g；光氧化处理后 6h 时可溶性蛋白下降达到显著性水平。随着处理时间的增加，可溶性蛋白含量进一步降低，胁迫处理 24h 后降到最低，为 11.0mg/g，显著低于对照（$P<0.01$）。与可溶性蛋白不同，油

菜叶片内可溶性糖含量也受光氧化胁迫响应较快，在胁迫处理 2h 后即显著降低，但不同作用时间差异较大。正常条件下油菜叶片可溶性糖含量为 16.7%，光氧化处理后开始下降，处理 3h 时达到一个低值，降幅达 29.8%。随后呈现一定程度的上升后又下降，并保持在 12%~14% 的含量水平，在 24h 时油菜叶片内可溶性糖含量达到最低，仅为 11.8%。

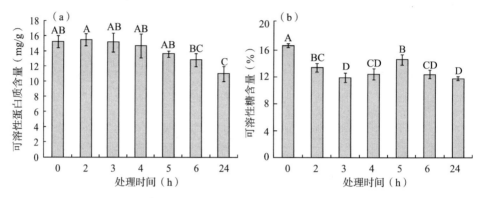

图 6-4　短期光氧化对可溶性蛋白质和可溶性糖含量的影响

六、短期光氧化条件下影响净光合速率的因素

对短期光氧化处理后影响油菜叶片净光合速率的主要生理生化指标进行相关性分析，由表 6-2 可以看出，光氧化处理后的净光合速率与抗氧化酶活性 SOD、POD、CAT 均达到了极显著性相关（$P < 0.01$），与可溶性蛋白质和 O_2^- 产生速率达到了显著性相关（$P < 0.05$）。这说明短期光氧化胁迫下 SOD、POD、CAT 和可溶性蛋白是影响净光合速率的主要因素。

表 6-2　SOD、POD、CAT、O_2^-、MDA、可溶性蛋白质和
可溶性糖与净光合速率之间的相关系数

	SOD (X_1)	POD (X_2)	CAT (X_3)	O_2^- (X_4)	MDA (X_5)	SP (X_6)	SS (X_7)
P_n	−0.90**	−0.96**	0.89**	−0.78*	−0.48	−0.76*	0.46

注：* 表示在 $P = 0.04$ 水平上显著；** 表示在 $P = 0.01$ 水平上显著。

相关系数主要用来表示净光合速率（P_n）与其影响因素之间相互联系的程度，而通径系数能够描述相关变量间原因对结果的直接影响效应。因此，为进一步定量描述不同油菜光氧化处理后不同生理生化指标对净光合速率的影响，选取了与净光合速率相关性达到显著的影响因子采用逐步回归法构建了回

归方程：$Y=61.08-1.17X_1-0.10X_2+0.07X_3-0.08X_4-1.38X_6$。通径分析结果表明，在油菜苗期短期光氧化处理条件下 CAT 的直接通径系数最大，说明 CAT 是油菜叶片受光氧化胁迫处理后最主要的效应因子。

第二节　油菜花期叶片对光氧化胁迫的光合和生理响应

一、不同油菜品种花期叶片光氧化胁迫后的气体交换参数变化

由图 6-5（a）可以看出，不同油菜品种花期叶片受光氧化胁迫后光合速率均显著下降，但不同品种的下降幅度有所不同。不同甘蓝型油菜品种光氧化胁迫后光合速率下降幅度在 36.6%～49.0%，下降幅度最小的为中油 821，下降 36.6%；下降幅度最大的为中油杂 12，下降 49.0%。

气孔通过控制水汽和 CO_2 交换以实现对植物叶片光合作用和蒸腾作用的控制。从图 6-5（b）可以看出，不同油菜品种花期叶片受光氧化胁迫后气孔导度 G_s 均降低，不同品种降低幅度在 9.8%～56.2%。说明光氧化胁迫引起了花期油菜叶片的部分关闭。由此导致胞间 CO_2 浓度（C_i）和蒸腾速率（T_r）均降低，且气孔关闭对 T_r 的影响明显要大于 C_i［图 6-5（c）和图 6-5（e）］。从图 6-5（d）可以看出，受光氧化胁迫的影响气孔限制值也降低，这说明这种气孔导度的降低主要是受非气孔因素影响。光氧化胁迫后不同油菜品种花期叶片水分利用效率也降低，降低幅度在 7.7%～46.5%。其中以中油杂 12 受影响最大，光氧化胁迫处理后水分利用效率（WUE）下降 46.5%；中油 821 次之，下降 34.8%；中双 9 号受影响最小，下降 7.7%。

二、光氧化胁迫对花期叶片叶绿素含量的影响

由表 6-3 可以看出，光氧化处理后，不同品种花期叶片中叶绿素 a、叶绿素 b 和总叶绿素含量都出现了显著下降（$P<0.05$）。受光氧化胁迫最严重的是中油杂 12（ZYZ12），叶绿素 a、叶绿素 b 和总叶绿素含量分别下降了 48.7%、36.9% 和 45.7%；受影响最轻的是中双 9 号，其叶绿素 a、叶绿素 b 和总叶绿素含量分别下降了 12.3%、12.4% 和 12.3%。其余 3 个品种中，叶绿素 a 和总叶绿素含量受影响的程度基本相同，均是中双 11>中油 821>湘油 15；而叶绿素 b 受影响的程度大小依次为中双 11>湘油 15>中油 821。

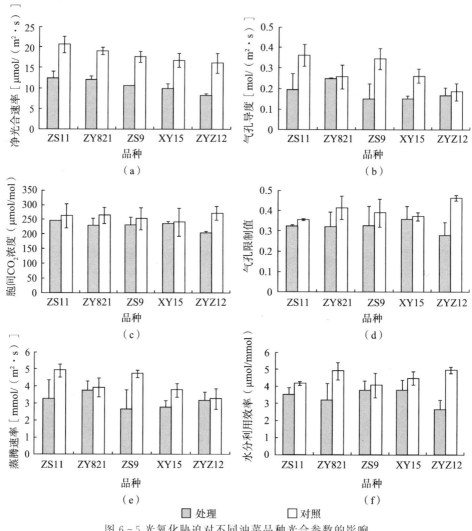

图 6-5 光氧化胁迫对不同油菜品种光合参数的影响

表 6-3　光氧化胁迫对花期不同品种叶片叶绿素含量的影响 （mg/g）

品种	叶绿素 a 含量		叶绿素 b 含量		叶绿素总量	
	处理	对照	处理	对照	处理	对照
ZS11	1.03±0.03	1.62±0.03	0.40±0.03	0.62±0.03	1.43±0.06	2.23±0.06
ZY821	1.31±0.02	1.65±0.03	0.50±0.03	0.54±0.04	1.81±0.04	2.18±0.07
ZS9	1.01±0.04	1.15±0.04	0.41±0.03	0.47±0.09	1.42±0.08	1.62±0.13
XY15	1.08±0.12	1.28±0.04	0.44±0.02	0.51±0.08	1.53±0.30	1.80±0.06
ZYZ12	0.94±0.03	1.82±0.03	0.39±0.06	0.62±0.07	1.33±0.10	2.45±0.10

三、光氧化胁迫对花期叶片可溶性糖、可溶性蛋白质、MDA 和自由基的影响

糖是作物的主要代谢产物之一。可溶性糖的主要功能是参与渗透调节，增强植物对逆境的抗性，同时在维持植物蛋白稳定方面起着重要作用。由图6-6（a）可以看出，光氧化胁迫后，不同甘蓝型油菜品种可溶性糖含量均显著降低，其中降低幅度较大的品种中双11和中油821，下降幅度分别达76.0%和62.0%；中双9号和湘油15两个品种的可溶性糖含量下降幅度相对较小，分别下降18.3和9.5%。不同品种花期叶片可溶性糖受光氧化胁迫影响程度大小依次为中双11＞中油821＞中油杂12＞中双9号＞湘油15。

由图6-6（b）可以看出，不同品种叶片可溶性蛋白受光氧化胁迫影响后均降低，降低幅度在1.3%～28.6%。其中中双9号可溶性蛋白下降幅度最大，达28.6%，中油821下降幅度最小，仅为1.3%。中双11、湘油15和中油杂12居中，下降幅度分别为7.9%、3.6%和10.5%。总体来说，与可溶性糖相比，可溶性蛋白质含量受光氧化胁迫影响相对较小。

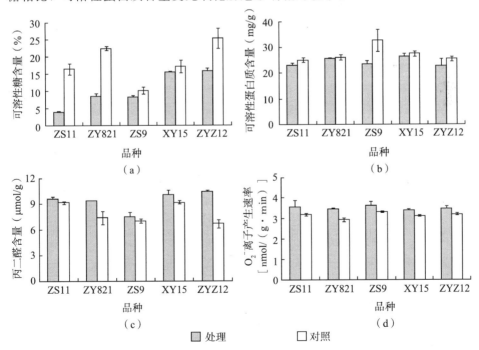

图6-6 不同油菜品种光氧化胁迫后可溶性糖、可溶性蛋白、MDA 和自由基变化

与可溶性糖和可溶性蛋白质含量下降不同，不同油菜品种花期叶片 MDA 含量受光氧化胁迫后上升［图 6-6（c）］。方差分析结果表明，除中双 9 号和中双 11 外，其余 3 个品种 MDA 含量均显著上升。受光氧化胁迫影响 MDA 含量上升最大的为中油杂 12，上升幅度 56.8%；其次为中油 821，上升幅度为 27.1%；其余 3 个品种中双 11、中双 9 号和湘油 15 分别比相应对照上升 4.7%、6.1% 和 9.7%。

由图 6-6（d）可以看出，不同品种花期叶片 O_2^- 离子产生速率受光氧化影响后均上升，且上升幅度之间差异不大。O_2^- 离子产生速率受光氧化影响最大的是中油 821，上升幅度为 17.7%；其次为中双 11，上升幅度为 12.0%；其余 3 个品种的 O_2^- 离子产生速率受光氧化胁迫处理后上升幅度在 8.6%～9.2%。

四、光氧化胁迫对花期叶片保护性酶活性的影响

由表 6-4 可以看出，不同油菜品种花期叶片中过氧化氢酶（CAT）活性差异较大，光氧化处理前以中油杂 12 最低，仅为 446.33U/(g·min)，湘油 15 最高，达 1 023.04U/(g·min)；处理后中油杂 12 仍然表现为最低活性，为 388.57U/(g·min)，而中双 9 号最高，达 1 224.51U/(g·min)。光氧化胁迫后 CAT 活性不同品种变化不同，中油 821 和中双 9 号升高，升高幅度分别为 13.21% 和 65.47%；中双 11、湘油 15 和中油杂 12 表现为下降，下降幅度分别为 13.12%、7.68% 和 12.94%。

表 6-4 光氧化胁迫对花期叶片保护性酶活性的影响

品种	CAT 活性 [U/(g·min)]		SOD 活性 [U/(g·min)]		POD 活性 [U/(g·min)]	
	处理	对照	处理	对照	处理	对照
ZS11	809.17±150.85	931.31±64.28	273.98±7.48	295.51±12.97	611.55±22.16	449.84±20.74
ZY821	733.72±41.08	648.08±32.40	267.69±12.74	275.29±39.92	851.48±43.84	826.75±19.33
ZS9	1 224.51±24.98	740.00±51.85	291.96±5.79	261.84±28.09	421.67±25.93	861.49±9.90
XY15	944.49±35.36	1 023.04±46.20	362.13±0.13	289.01±28.93	509.09±23.57	987.67±73.07
ZYZ12	388.57±9.90	446.33±5.19	222.34±26.79	265.52±12.26	566.00±12.26	505.18±12.26

与过氧化氢酶（CAT）活性相比，不同品种间超氧化物歧化酶（SOD）活性差异相对较小，如光氧化处理前中双 11 最高 295.51U/(g·min)，仅比活性最低品种中双 9 号 261.84U/(g·min) 高 13.86%；光氧化胁迫处理后 SOD 活性最高品种湘油 15 比最低品种中油杂 12 高 62.87%。光氧化胁迫处理

后，中双 11、中油 821 和中油杂 12 花期叶片中 SOD 活性分别比对照降低 7.29％、2.76％和 16.26％，而中双 9 号和湘油 15 分别比对照升高 11.50％ 和 25.30％。

不同品种间花期叶片过氧化物酶（POD）活性表现差异较大。处理前 POD 活性最低和最高的品种为中双 11 号和湘油 15 号，分别为 449.84U/ (g·min)和 987.67U/(g·min)，后者比前者高 119.56％；处理后 POD 活性 最低和最高的品种为中双 9 号和中油 821，分别为 421.67 和 851.48，后者比 前者高 101.93％。光氧化胁迫处理后，中双 11、中油 821 和中油杂 12 叶片中 POD 活性分别升高 35.95％、2.99％和 12.04％，而中双 9 号和湘油 15 叶片 分别降低 51.05％和 48.46％。

综合 3 种植物保护性酶 CAT、SOD、POD 活性在光氧化胁迫处理前后的 变化可以看出，每个供试品种都表现出 3 种保护性酶在受光氧化胁迫后出现 1 种或 2 种酶活性上升，而另外 2 种或 1 种酶活性下降的现象。且光氧化胁迫后 表现为上升的 1 种或 2 种酶中有 1 种表现变幅较大，则一般而言，下降的那 2 种或 1 种酶中也会有 1 种酶表现为较大的变幅。反之亦然。

第三节　讨论与结论

植物光合速率与其生理生化指标间的关系一直是人们关注的焦点之一。对 中双 11 苗期叶片光氧化胁迫的研究结果表明，光氧化处理后的净光合速率与 抗氧化酶活性 SOD、POD、CAT、可溶性蛋白以及 O_2^- 产生速率等生理生化 指标间均达到了显著相关，而且 CAT 是油菜叶片受光氧化胁迫后最主要的效 应因子。彭长连等（2000）认为 C_4 植物玉米比 C_3 植物水稻耐光氧化主要是由 于其在光氧化胁迫下具有较高 SOD 活性、较低的 O_2^- 的产生速率。李霞等 （2005）研究表明转 PEPC 基因水稻 SOD 在各种光氧化条件下有显著诱导增加 的表现是其具有耐光氧化特性的主要原因之一。这说明，油菜生理生化特性可 以在一定程度上作为其光合效率的特征性反映指标。王义芹等（2007）以不同 年代推出的小麦品品种为材料的研究结果表明，近年来小麦品种的旗叶在其生 育后期的净光合速率（P_n）仍然保持较高状态，认为这很可能与小麦旗叶的 叶绿素含量和可溶性蛋白含量下降较慢有关，同时其较高的抗氧化酶活性对生 物膜的保护作用也提高了其对光氧化的抗性。油菜花期对 5 个不同品种进行光 氧化胁迫处理的结果表明，除中油杂 12（ZYZ12）光合速率下降幅度较大以 外，其他 4 个品种的光合速率下降幅度基本在同一水平。综合分析不同品种光 氧化胁迫后生理生化变化特征，不难看出，不同品种在叶绿素、可溶性糖、可溶性蛋白质、丙二醛含量以及抗氧化酶系统上表现差异较大。如中双 11 受光氧化胁迫后气孔导度、蒸腾速率、叶绿素含量和可溶性糖含量降幅较大，POD 显著升高，其他指标变幅不大；中油 821 水分利用效率和可溶性糖含量下降明显，丙二醛含量和 CAT 活性显著升高；中双 9 号可溶性蛋白含量显著下降，CAT 活性显著升高。由此认为，即使是光氧化抗性基本一致的品种其防御机制仍然存在较大差异。

叶绿素含量降低是植物遭受逆境毒害的主要症状之一。苗期油菜叶片光氧化胁迫后叶绿素含量变化的测定结果表明，处理超过 24h 后叶绿素 a 含量降低的幅度远大于叶绿素 b；且与叶绿素 b 相比，叶绿素 a 含量对光氧化胁迫的响应时间更早。Guiamet 等（1991）的研究结果也表明 cyt G 突变体导致开始衰老大豆叶片的叶绿素 b 比叶绿素 a 更稳定。顾和平等（1999）的人工光氧化研究结果表明光合色素的衰退主要是叶绿素 a 的衰退。但较长时间的光氧化处理过程中我们也观察到了油菜叶片的发黄现象。光氧化对叶绿素的漂白作用在 C_3 作物中是一种普遍现象。一些研究认为，叶绿体是光氧化胁迫下最易受攻击的对象。戴新宾等（2000）研究表明水稻叶绿素缺失突变体的光合机构对高光照度的耐受性强于野生型。彭长连等（2006）认为表明光氧化处理过程中，紫叶稻对光氧化伤害的耐受性大于绿叶稻。对不同品种光氧化胁迫的结果也发现了类似的情况，如叶绿素含量较低的湘油 15（XY15）和中双 9 号（ZS9）光氧化处理后的叶绿素含量的降幅均较小。一般而言，叶绿素含量低的品种中类黄酮、总酚和类胡萝卜素含量相对较高。彭长连等（2006）认为花色素苷可能是氧化胁迫下紫稻的一种初级抗氧化剂。因此推测，叶绿素含量较低的油菜品种（系）中可能类黄酮、总酚和类胡萝卜素含量相对较高，对光氧化具有较强的抗性。

超氧化物歧化酶（SOD）、过氧化物酶（POD）以及过氧化氢酶（CAT）等抗氧化酶类为植物活性氧清除系统中重要的酶，在植物清除活性氧自由基和维持其体内活性氧代谢平衡等方面起着重要作用。对油菜苗期叶片进行光氧化胁迫处理的结果表明，不同种类抗氧化酶活性受到光氧化胁迫后的响应存在一定差异，相对 POD 活性和 CAT 酶活性，SOD 酶活性对光氧化胁迫的响应时间较短，而 POD 和 CAT 酶活性对光氧化胁迫处理响应的时间较长。其原因可能主要是由于 O_2^- 合成速率的增加诱导了 SOD 活性的增强，并产生了较多的 H_2O_2，从而进一步诱导 CAT 和 POD 的活性增强。这说明 SOD、POD 和 CAT 由于各自功能不同，作用位点不同，因此在叶片遭受光氧化胁迫后的不同阶段所起的作用也不尽相同。这与前人在水稻和西洋芹上的研究结果基本一致（凌丽俐等，2006；宋关玲，2007）。大量研究表明，作物品种之间耐光氧化能力不同。这种耐光氧化能力与抗氧化酶活性对光合机构的保护和修复密切相关。研究结果发现，光氧化胁迫后，并不是3种抗氧化酶活性同时被诱导升高，而是至少有1种酶活性受光氧化胁迫后诱导升高。当然，一些酶活性受光氧化胁迫后降低也可能是由于花期的相对高温可能加剧光氧化胁迫的程度，缩短光氧化胁迫中抗氧化酶活性变化周期。这也表明，不同品种中抗氧化酶系统对光氧化胁迫的响应机制可能存在不同，特别是光氧化胁迫的初级抗氧化酶种类可能不同。刘艳等（2013）也认为不同植物种类、不同品种、不同器官的抗氧化系统具有不同的响应机制。吴长艾等（2003）研究表明一些小麦品种的抗光氧化系统主要依赖叶黄素循环，而另外一些品种中的活性氧清除系统在其抗光氧化系统中起主要作用。不仅不同作物间所依赖的抗光氧化机制存在较大差异，而且对于同一种作物的不同品种之间其抗光氧化的防御机制也会有所不同。许建锋等（2010）在对不同品种桃树的研究中也发现POD活性在不同品种中最高值出现的时间不同。

丙二醛（MDA）是植物受逆境胁迫或伤害后膜脂过氧化的主要产物之一。一般认为，在逆境条件下其含量高低能够在一定程度上反映膜脂过氧化作用的水平和膜结果的受伤害程度。研究结果表明，光氧化胁迫后油菜叶片中MDA含量升高，MDA含量升高的程度也是反映其光氧化抗性的一个重要指标。王荣富等（2003）认为膜脂过氧化的一个主要原因即是由于植物体内活性氧分子的增多，进而产生了对生物膜造成伤害的MDA及与其类似的酮、醇、羟酸等物质。光氧化胁迫后MDA含量较小的上升幅度表明其膜脂过氧化程度较轻。因此，从MDA指标来看，花期以中双9号（ZS9）和中双11（ZS11）的膜脂受光氧化伤害最轻。研究表明，光氧化伤害几乎在任何条件下都是由活性氧所导致的（王荣富，2003）。MDA作为膜脂过氧化产物，从理论上说应与O_2^-产生速率存在一定的相关关系。但研究结果表明，不同油菜品种花期叶片光氧化胁迫后并未呈现显著性差异。这可能是由于油菜叶片受光氧化胁迫后诱导期抗氧化酶系统活性增加，加快叶片内活性氧自由基的清除有关。

本研究探讨了光氧化胁迫下油菜苗期及花期叶片对光氧化胁迫的光合和生理响应，初步明确了光氧化胁迫对甘蓝型油菜不同生育时期叶片生理生化指标的损伤机理，为进一步研究光氧化胁迫对油菜生理指标的影响提供了理论支撑。但由于光氧化胁迫对植物生理生化指标的损伤机理非常复杂，不同品种基因型所依赖的抗光氧化机制可能也有所不同，进一步的研究还需结合选用光氧化抗性品种和光合酶变化特征，从而进一步揭示光氧化抗性机理。

第七章 光合促进剂 NaHSO₃ 对油菜光合特性的影响

作物的高产和再高产是遗传学家、农学家和植物生理工作者不懈追求的目标。高产也就意味着高效。然而近年来，油菜单产过低、种植效益低下严重制约了我国油菜生产发展。"冬发栽培"理论认为冬前油菜必须达到壮苗，冬后才能高产。在当前油菜大量由移栽转为直播、冬前生育期变短的条件下，如何促进直播油菜苗期生长获得冬前壮苗是油菜产量提高的关键。光合作用是作物产量形成的生理基础，光能利用率的强弱决定了作物产量的高低。20 世纪 70 年代末沈允钢等（1980）发现喷洒低浓度的亚硫酸氢钠能提高作物叶片的光合作用速率后，$NaHSO_3$ 作为光合促进剂开始受到人们的关注，但不同研究中对其影响光合作用的解释却不尽相同。谭实等（1987）和魏家绵等（1989）观察到喷洒低浓度的 $NaHSO_3$ 不仅能增加作物叶片净光合速率，同时也增加其呼吸速率，$NaHSO_3$ 提高净光合速率机理主要是由于其促进了作物叶绿体循环光合磷酸化或非循环光合磷酸化。胡正一等（1996）认为，$NaHSO_3$ 进入植物体内后，可与乙醛酸起加成反应，生成 α-羟基磺酸盐，使气孔关闭，并且会抑制乙醇酸氧化酶的活性，进而抑制光呼吸。近年来还有一些研究发现，$NaHSO_3$ 可以提高农作物如小麦、水稻、棉花、大豆等的光合效率，在抑制光呼吸、增加碳同化的同时，$NaHSO_3$ 作为硫素的供体，还会影响作物正常的氮代谢过程。前人研究结果表明，$NaHSO_3$ 作为光合促进剂，不仅能够提高作物的净光合速率，而且对于促进光合产物输出、增加 C-N 的转运、提高作物对氮素的吸收利用具有重要作用。但也有一些研究认为 $NaHSO_3$ 破坏了生物膜，对光合过程有不利的影响。目前，国内外对 $NaHSO_3$ 研究主要是采用叶面喷施。但王义彰等（1984）、谭实和沈允钢（1987）分别在水稻和烟草上研究发现 $NaHSO_3$ 喷洒只能在短时间内影响叶片气孔开度和光合速率。因此，如何观察到 $NaHSO_3$ 对作物持续有效的作用对探究其作用机理亦至关重要。本章设计了一个试验采取水培方式对 $NaHSO_3$ 处理对油菜光合特性及其代谢过程进行研究，一方面保证了作物根系对 $NaHSO_3$ 的有效吸收，另一方面避免了叶面喷施的短期效应，从而为研究明确 $NaHSO_3$ 对作物光合作用机理提供了思路，同时对油菜高光效调控、产量增加以及品质提高等方面具有重要指导意义。

　　采用水培方式，选择均匀饱满的油菜种子消毒（70%酒精 5～10s，1% 二氯异氰尿酸 8～10min、无菌水洗 3～4 次），在培养皿中发芽，油菜出苗后选择长势良好一致的幼苗，转移到 30cm×50cm 的水培盒子中，生长间（温度 23℃，光照 16h）培养。2012 年 9 月 10 日培养皿中发芽，9 月 14 日移栽到盛满 Hoagland 营养液的水培盒子（6L）中，每 5d 更换 1 次营养液，10 月 20 日开始在 Hoagland 营养液中分别添加 0、0.05mmol/L、0.1mmol/L 和 0.15mmol/L 4 种不同浓度的 NaHSO₃ 进行预实验观察，筛选出在处理 20d 时对油菜生长有促进作用的 NaHSO₃ 浓度在 0～0.1mmol/L（图 7-1）。2012 年 10 月 20 日，播种第二批进行正式实验，10 月 25 日转移水培盒中，12 月 1 日利用相同的水培方法分别采用 0（CK）、0.02mmol/L、0.05mmol/L 和 0.08mmol/L 4 个不同浓度的 NaHSO₃ 处理，每个处理 3 次重复，每个重复 40 穴，每穴株行距为 6×6cm。各处理分别标记为 T_0（CK）、T_1（0.02mmol/L）、T_2（0.05mmol/L）、T_3（0.08mmol/L）。每 5d 更换 1 次营养液至实验完成。2012 年 12 月 5 日 5 叶期开始测定，测定时每个重复随机选择 3 株进行各个参数测定，每 5d 为 1 个测量周期。

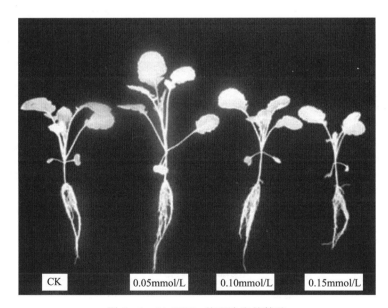

图 7-1　NaHSO₃ 处理浓度的筛选

第一节　不同浓度 NaHSO₃ 对苗期油菜生物学指标的影响

从表 7-1 中可看出，随着处理时间的延长，NaHSO₃ 对油菜株高，根长和鲜重等生物学指标的影响逐渐增大。低浓度（T_1）处理显著增加了株高、根长和鲜重，T_1 处理 20d 株高、鲜重和根长分别较 T_0 增加了 40.3%、27.2% 和 12.2%。中浓度（T_2）处理显著增加了株高和鲜重（$P < 0.05$）；对根长的生长起到了一定的抑制作用，差异未达显著水平（$P > 0.05$）。与对照相比，高浓度（T_3）处理对油菜幼苗株高和鲜重影响不大，但根长生长受抑制作用显著（$P < 0.05$）。不同处理间株高，根长和鲜重的差异随时间延长而增大。

表 7-1　不同浓度 NaHSO₃ 对苗期油菜株高、根长和鲜重的影响

项目	处理	5d	10d	15d	20d
株高（cm）	T_0	14.3±0.90a	19.5±3.01b	31.3±2.08bc	34.9±4.26bc
	T_1	14.5±1.70a	23.6±2.14a	40.2±2.84a	49.0±2.93a
	T_2	14.3±0.64a	21.9±2.40ab	36.4±2.84ab	39.5±3.17b
	T_3	14.4±1.01a	19.4±1.26b	27.9±0.61c	33.4±2.60c
根长（cm）	T_0	15.4±0.15ab	17.7±2.10ab	17.9±1.10ab	18.8±1.40ab
	T_1	16.5±1.21a	18.4±1.00a	19.1±1.01a	21.1±1.36a
	T_2	15.2±0.60ab	15.8±0.65bc	16.8±1.00b	16.9±1.91bc
	T_3	14.8±0.87b	14.9±0.35c	15.2±1.00c	15.7±0.10c
鲜重（g）	T_0	5.00±0.46a	6.87±1.35a	8.83±0.32b	9.80±0.36c
	T_1	5.17±0.45a	8.30±0.55a	10.40±1.10a	12.47±0.15a
	T_2	5.10±0.50a	7.47±1.23a	9.20±1.10b	10.77±0.55b
	T_3	5.03±0.32a	7.30±0.75a	8.90±0.60b	10.03±0.32bc

注：表中同列数据后不同字母表示处理间有显著差异（$P < 0.05$）。

第二节　不同浓度 NaHSO₃ 对苗期油菜光合参数的影响

一、对光合速率、气孔导度、胞间 CO_2 浓度和气孔限制值的影响

从图 7-2 可以看出，不同浓度 NaHSO₃ 处理均显著增加了油菜幼苗叶片

的光合速率，不同处理对光合速率的促进作用存在差异，其中 T_1 处理增加效果最为明显，20d 时 T_1 较 T_0 增加 31.1%；不同处理对气孔导度影响不显著，但均降低了胞间 CO_2 浓度，至 20d，T_2 处理最为显著，较 T_0 降低了 15.9%。NaHSO₃ 处理对油菜叶片气孔限制值的影响较明显，各处理均显著增加了油菜叶片的气孔限制值，在 20d 分别较 T_0 处理增加了 20.0%、200.4% 和 140.1%。

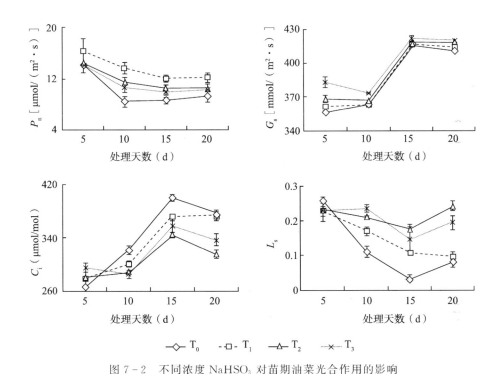

图 7-2 不同浓度 NaHSO₃ 对苗期油菜光合作用的影响

二、对蒸腾速率和水分利用效率的影响

从图 7-3 可以看出，短期 NaHSO₃ 处理不会影响油菜叶片蒸腾速率，但随着处理时间的增加，蒸腾速率较 T_0 降低，T_1 处理差异最为显著，在 15d 和 20d 分别降低 22.9% 和 31.6%。水分利用率则随 NaHSO₃ 浓度的升高呈现先上升后下降的趋势，其中 T_1 处理叶片水分利用率最高，在 10d 较 T_0 增加了 103.5%，差异达显著水平 ($P < 0.05$)。

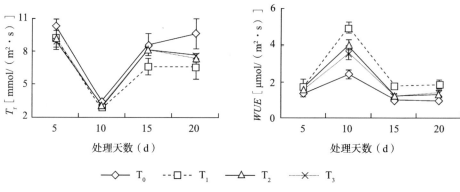

图 7 - 3　不同浓度 NaHSO$_3$ 对苗期油菜蒸腾速率和水分利用率的影响

三、不同浓度 NaHSO$_3$ 对苗期油菜的光合响应的影响

净光合速率随光强的增加呈先上升后平稳的趋势，在相同光强下，不同处理对净光合速率的影响存在差异，光强为 $1\,500\,\mu mol/(m^2 \cdot s)$ 时各处理光合速率均较 T$_0$ 处理增加，差异达显著水平（$P < 0.05$）。T$_1$ 处理差异最为显著，较 T$_0$ 处理光合速率增加了 18.6%。

表 7 - 2　不同浓度 NaHSO$_3$ 对苗期油菜光响应曲线参数的影响

处理	最大净光合速率 $[\mu mol/(m^2 \cdot s)]$	表观量子效率	光呼吸速率 $[\mu mol/(m^2 \cdot s)]$	光补偿点 $[\mu mol/(m^2 \cdot s)]$	光饱和点 $[\mu mol/(m^2 \cdot s)]$
T$_0$	13.11c	0.048b	1.78a	39.53a	1 371.08c
T$_1$	16.51a	0.058a	0.01b	24.96c	2 768.71a
T$_2$	14.31b	0.046b	1.07b	28.24bc	1 777.61b
T$_3$	13.27c	0.045b	1.17b	30.48b	1 291.95c

注：表中同列数据后不同字母表示处理间有显著差异（$P < 0.05$）。

从表 7 - 2 中可以看出 NaHSO$_3$ 处理增加了油菜的最大净光合速率和表观量子效率，降低了光呼吸和光补偿点，提高了光饱和点。其中，以 T$_1$ 处理影响最为显著，T$_1$ 处理后，油菜最大净光合速率和表观量子效率分别较 T$_0$ 处理增加了 25.9% 和 20.6%，光呼吸速率则下降了 43.1%，光补偿点下降 36.85%，光饱和点提高了 102.0%，差异均达显著水平（$P < 0.05$）。

四、不同浓度 NaSHO₃ 对叶绿素及叶绿素荧光参数的影响

1. 不同浓度 NaHSO₃ 对叶绿含量的影响　从表 7-3 可以看出，NaHSO₃ 处理后，T_1、T_2 和 T_3 处理的总叶绿素含量较对照 T_0 分别增加 53.7%、24.8% 和 18.4%，且不同浓度处理对叶绿素不同组分的影响也存在差异，叶绿素 a 和类胡萝卜素含量的增加均只在 T_1 处理下呈现显著性，分别较对照 T_0 增加了 43.1% 和 30.4%；但叶绿素 b 含量在各处理下均较 T_0 显著增加（$P<0.05$），各处理中叶绿素 b 含量分别均较对照 T_0 增加 100.0%、45.6% 和 43.9%；受叶绿素 b 含量显著升高影响，不同处理叶绿素 a/叶绿素 b 均较 T_0 处理显著下降，T_1、T_2 和 T_3 处理分别较对照 T_0 降低了 28.4%、17.9% 和 22.0%。

表 7-3　不同浓度 NaHSO₃ 对苗期油菜叶片叶绿素含量的影响 （mg/g）

处理	叶绿素 a	叶绿素 b	类活萝卜素	叶绿素 a+叶绿素 b	叶绿素 a/叶绿素 b
T_0	0.958±0.018b	0.218±0.016c	0.242±0.010b	1.176±0.023c	4.415±0.343a
T_1	1.371±0.072a	0.436±0.042a	0.316±0.026a	1.807±0.098a	3.162±0.261b
T_2	1.150±0.208b	0.317±0.006b	0.256±0.018b	1.467±0.211b	3.623±0.621b
T_3	1.079±0.013b	0.313±0.007b	0.236±0.007b	1.392±0.009b	3.444±0.111b

注：不同字母表示在 0.05 水平上差异显著。

2. 不同浓度 NaHSO₃ 对苗期油菜荧光参数的影响　从图 7-4 可看出，不同处理对油菜叶片最大光化学效率（F_v/F_m）、光系统 II 实际光化学效率（Φ_{PSII}）、光化学淬灭（q_P）和非荧光化学淬灭（q_N）的影响不同，F_v/F_m、Φ_{PSII}、q_P、ETR 均随 NaHSO₃ 处理浓度的增加而呈现先上升后下降的趋势，其中 F_v/F_m、Φ_{PSII}、ETR 均在 T_1 处理下增加最为显著，分别较 T_0 处理增加了 7.2%，17.2% 和 17.1%，差异均达显著水平（$P<0.05$）；q_P 则是在 T_2 处理下增加最为显著，较 T_0 处理显著增加 9.1%；q_N 和 NPQ 随 NaHSO₃ 处理浓度的增加呈先降后增的趋势，均在 T_1 处理下差异达显著水平（$P<0.05$），分别较 T_0 处理降低 7.3% 和 4.3%。

第三节　不同浓度 NaHSO₃ 对植株氮代谢的影响

从图 7-5 中可看出，各浓度 NaHSO₃ 处理均显著增加了油菜叶片氮代谢关键酶硝酸还原酶（NR）和谷氨酰胺合成酶（GS）活性。对 NR 的促进作用

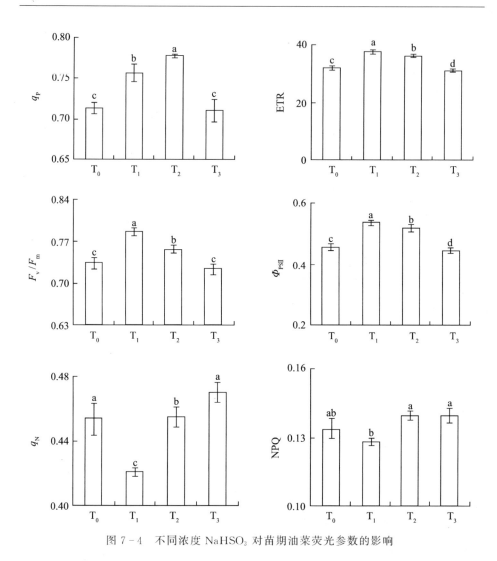

图 7-4　不同浓度 $NaHSO_3$ 对苗期油菜荧光参数的影响

均随着 $NaHSO_3$ 浓度的提高，呈现先上升后下降的趋势，NR 活性在 0.02mmol/L $NaHSO_3$ 处理下增加最为显著，较对照处理增加 15.1%；GS 活性也在 0.02～0.05mmol/L $NaHSO_3$ 处理下达到最高，但随着处理浓度的增加，GS 活性未出现显著下降（$P > 0.05$）。

第四节　讨论与结论

$NaHSO_3$ 被广泛认可为作物光合促进剂。低浓度 $NaHSO_3$ 有利于促进植

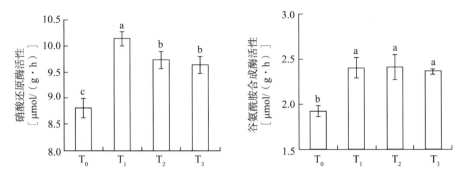

图 7-5　不同浓度 NaHSO₃ 对苗期油菜硝酸还原酶和谷氨酰胺合成酶活性的影响

株生长，提高作物产量和品质。但不同作物、不同施用时期以及不同施用方法间最适浓度不同。秦学等（2005）认为，小麦生殖生长时期最适喷施浓度为10mmol/L，王宏伟等（2000）认为水稻乳熟期的最适喷施浓度为 1mmol/L，研究结果表明，在油菜苗期水培条件下 NaHSO₃ 的最适施用浓度为 0.02～0.05mmol/L。本研究中的 NaHSO₃ 最适施用浓度远低于目前文献报道的浓度，这可能与作物对 NaHSO₃ 的利用效率有关。同时，低浓度 NaHSO₃（T₁）处理对油菜幼苗株高的促进作用明显高于对根系的促进作用，而高浓度（T₃）处理对根系的抑制作用也比对株高和鲜重的抑制作用更加显著，作者认为 NaHSO₃ 对作物生长可能具有双重作用，一方面 NaHSO₃ 作为光合促进剂，植物体的低浓度摄入可以促进生长，另一方面 NaHSO₃ 作为一种盐溶液，浓度过高又可能发生盐胁迫，抑制作物生长。这也说明 NaHSO₃ 可根施与基肥混施促进油菜生长，但施用浓度应适当降低。

　　植物的光合色素是其进行光合作用的物质基础，因此，光合色素含量的高低在很大程度上反映了植物的生长状况和叶片光合能力。本研究结果表明，低浓度的 NaHSO₃ 能增加光合色素各组分含量及叶绿素总含量，这可能与 NaH-SO₃ 中硫素有助于植物有机物的合成有关。刘璐璐等（2009）发现硫素促进叶绿素的合成主要是表现在叶绿素 a 含量的显著升高。而本研究发现，低浓度的 NaHSO₃ 在增加叶绿素含量的同时还降低了叶绿素 a/叶绿素 b，说明 NaHSO₃ 增加了叶绿素 b 在总叶绿素中所占比例。最近有研究表明，叶绿素含量的上升及叶绿素 b 含量的相对增加有利于植物在低光照条件下更有效地吸收利用光能，从而促进植物生长（Luca 等，2010）。另外，叶绿素 b 是由叶绿素 a 转化而来，脱植基叶绿素 a 加氧酶（chlorophyll a oxygenase，CAO）是唯一能使叶绿素 a 转化为叶绿素 b 的酶，因此推测 NaHSO₃ 可能是油菜叶片中酶的促进剂，促进了叶绿素 a 向叶绿素 b 的转化。叶绿素 b 是构成捕光叶绿素结合蛋白（LHC）的重要组成部分。与叶绿素 a 不同，叶绿素 b 兼具有吸收和传递光能的作用。本研究结果表明，低浓度 $NaHSO_3$ 处理增加了最大光能转化率（F_v/F_m）和实际光能转化率（Φ_{PSII}），提高了电子传递速率，减少了光能用于热耗散的部分（q_N、NPQ），增加了光能用于光化学传递的份额（q_P）。Havaux 和 Tardy（1997）也通过研究发现当叶绿素 b 缺失时，不同植物表现出不同的光抑制特性。因此，目前大量研究证实亚硫酸氢钠作为光合促进剂，可以有效提高作物荧光动力学参数，很可能与叶绿素总含量和叶绿素 a/叶绿素 b 升高从而提高了光能吸收和光能传递效率有关。这也很好地解释了一些研究中发现 $NaHSO_3$ 能够促进光合磷酸化的原因。

一些研究者认为，$NaHSO_3$ 通过抑制光呼吸作用而提高光合速率。也有些研究认为 $NaHSO_3$ 并没有抑制光呼吸的功能，净光合速率和光呼吸速率同步增长，二者比值并未显著改变。但本研究结果表明，低浓度 $NaHSO_3$ 处理在提高油菜净光合速率的同时，还能提高油菜叶片的光饱和点、最大净光合速率和表观量子效率，降低油菜光呼吸速率和光补偿点。而将呼吸速率计算在内，低浓度亚硫酸氢钠处理的光合速率仍然显著高于对照。这说明亚硫酸氢钠在提高作物光合速率的同时也起到了降低呼吸速率的作用。本研究对气孔的研究结果也表明，随着处理浓度的增加，胞间 CO_2 浓度显著降低，气孔导度影响不大，气孔限制值随 $NaHSO_3$ 处理浓度增加显著增加，说明低浓度 $NaHSO_3$ 对油菜光合作用的促进作用与气孔效应无关。因此推测，油菜光合速率增加和呼吸速率降低的主要原因可能是叶绿素 b 含量的增加，而不同作物种类和施用方式对 $NaHSO_3$ 的光合和呼吸响应也存在一定的差异。

硝酸还原酶（NR）在作物氮代谢中具有重要作用，它不仅是氮代谢的限速酶，同时也是作物体内氮代谢水平的直接反映。本试验结果表明，$NaHSO_3$ 处理后，油菜叶片氮代谢关键酶硝酸还原酶（NR）显著增加，促进了植物体内硝态氮向氨态氮的转化。随着 $NaHSO_3$ 浓度的增加，硝酸还原酶活性开始下降。Novitskaya 等（2002）认为这种活性下降可能与光呼吸降低有关，但本试验结果表明，随着光呼吸速率的降低，NR 活性却显著下降。因此，硫素水平过高可能是抑制氮代谢顺利进行的一个重要原因。陈屏昭等（2004）也发现 $NaHSO_3$ 中的硫素可以取代营养硫素的作用。$NaHSO_3$ 处理后叶片水分利用率提高可能与低浓度 $NaHSO_3$ 对谷氨酰胺合成酶活性的促进作用有关。谷氨酰胺合成酶活性增加后，催化叶片中更多的氨态氮转化为谷氨酰胺，加速氨态氮的消耗，避免氨积累对油菜叶片细胞的伤害，进而增强了植株叶片渗透调节能力，从而提高了叶片水分利用率。一些研究认为，$NaHSO_3$ 一方面抑制了光呼吸，能够增强作物的碳同化功能，但另一方面也可能对作物氮代谢产生一些不利的影响，进而导致氨基酸和蛋白质积累的减少。本研究结果表明，低浓度 $NaHSO_3$ 处理为油菜幼苗生长的氮代谢提供更多的原料及能量，进而促进油菜的氮代谢能力。

低浓度 $NaHSO_3$ 处理通过提高叶绿素含量，降低叶绿素 a/叶绿素 b，增加最大光能转化率（F_v/F_m）和实际光能转化率（$\Phi_{PSⅡ}$），提高电子传递速率，减少光能用于热耗散的部分，增加光能用于光化学传递的份额（q_P）来增强油菜的碳同化反应强度，进而增强了油菜幼苗的光合作用，为油菜氮代谢提供更多的原料和能量，使硝酸还原酶和谷氨酰胺合成酶活性升高，提高了油菜氮代谢活性和物质生产能力。

第八章　干旱胁迫对油菜光合特性的
影响及其生理调控

干旱是我国油菜生产中的重要限制因子。研究表明,干旱能降低植物叶片的叶绿素含量,净光合速率及气孔导度,导致光合作用的减弱,特别是我国长江流域主产区油菜经常容易遇到秋旱而引起油菜大面积减产。干旱胁迫会导致作物发生一系列生理生化及形态上的响应,但如何缓解作物的干旱胁迫,干旱胁迫复水后对作物后续的生长又将会产生怎样的影响?过去的研究大多集中在对胁迫期间的作物响应上,而对胁迫后复水对作物生长的影响以及干旱胁迫后植物生长调节剂对作物缓解的研究还较少。作物光合参数对干旱的生理响应机制还不清楚。目前,对油菜抗旱性的研究多集中在生长形态和生理生化的抗旱性鉴定等方面,而对干旱及复水后油菜光合生理生态的研究还未见报道。同时,研究表明植物中 C_4 途径是由 C_3 途径进化而来,这种进化是植物对逆境的适应性的结果。环境条件可以引起 C_3、C_4 光合途径间的相互转化。Sage (2004) 认为任何增强光呼吸的环境因子都会诱导 C_4 途径的出现。Carvalho (2008) 认为植物体内的水势下降是引起植物 C_4 代谢增强的主要原因。从进化论的角度来看,C_4 光合作用一般发生在气候炎热、光照强烈的干旱环境下。段美娟 (2010) 研究发现 C_4 光合酶基因的表达对提高水稻的耐旱和耐高温能力有一定作用。因此,通过高温、干旱等方式可能也是诱导 C_3 作物中 C_4 途径或 C_4 循环的一个有效途径。

AM1 是由中科院上海植物逆境生物学研究中心朱健康研究员等 (2013) 研究发现的一种具有脱落酸活性的小分子化合物,喷施于植物后可以降低叶片的失水速率,显著提高植物在干旱环境下的成活率。与天然脱落酸相比,AM1 具有易于合成和纯化、成本低、生理活性强等优点,且在种子萌发和营养生长等多个生理阶段均可发挥作用。AM1 的诸多优点使其在农业生产领域具有极大的应用潜力和市场价值。本章节拟探讨干旱和旱后复水过程油菜光合与各生理因子之间的关系以及 AM1 和 ABA 喷施对油菜干旱胁迫处理后的缓解作用,探索干旱条件下诱导高光效油菜碳同化特征的可能性,为油菜干旱条件下的光合调控以及高效水分利用提供理论依据。

试验于 2013 年 9 月至 2014 年 5 月在中国农业科学院油料作物研究所阳逻

试验基地干旱棚进行。9 月 28 日播种，于 3 叶期定苗，定苗密度为 2 万株/亩。试验共设四组处理，分别为正常对照（CK）和干旱处理（D），干旱处理后分别用 $100\mu mol/L$ AM1（T_1），$200\mu mol/L$ AM1（T_2），$100\mu mol/L$ ABA（T_3）进行喷施，以助剂（T_4，AM1 喷施溶液中所加助剂）作为试剂对照，每个处理 3 个重复。在油菜苗期进行干旱处理（土壤含水量为 40％），正常对照（CK）土壤含水量保持在 75％。干旱处理后 1 周后进行药剂喷施，共喷施 3 次，于喷施后第 2d 取样并进行光合参数的测定，然后进行复水处理，并于复水后一周进行取样测定。每个处理测定 3 个重复。成熟期取样考察单株产量和农艺性状，每处理测定 10 株。

第一节　干旱和 AM1 调控对油菜苗期生物学性状的影响

从表 8-1 中可以看出，干旱胁迫严重抑制了油菜的生长。干旱胁迫后，株高，根颈粗，叶片数，叶面积和干物重均显著降低。与对照（CK）相比，株高、根茎粗、绿叶数、叶面积和干物重分别下降了 50.7％、38.8％、26.4％、49.0％和 53.4％。但 AM1 处理后，抑制作用得到了一定程度的缓解，特别是以 $200\mu mol/L$ AM1 处理的缓解效果较好，在根颈粗和叶面积等指标上缓解作用显著。ABA 处理对干旱的缓解作用不显著。复水处理后，各处理均得到了一定程度的恢复，各处理间差异不显著，但均显著低于对照（CK）。

表 8-1　干旱和 AM1 调控对油菜苗期生物学性状的影响

处理		株高（cm）	根颈粗（mm）	绿叶数（个）	叶面积（cm²）	干物重（g）
干旱	CK	49.3a	7.58a	7.2a	2 134.70a	17.97a
	D	24.3bc	4.64c	5.3b	1 088.55c	8.37b
	T_1	25.7bc	5.27bc	5.7b	1 132.78c	9.23b
	T_2	27.0b	5.59b	5.8ab	1 351.58b	10.50b
	T_3	25.5bc	4.88bc	5.3b	1 050.53c	9.10b
	T_4	23.0c	4.55c	5.5b	1 098.79c	8.87b
复水	CK	57.7a	9.45a	7.8a	3 380.26a	36.00a
	D	32.5b	5.86b	6.0b	1 775.34b	12.8b
	T_1	32.9b	6.05b	5.8b	1 802.23b	16.33b
	T_2	34.8b	6.00b	5.7b	1 894.16b	16.5b
	T_3	31.8b	6.04b	5.3b	1 800.32b	12.03b
	T_4	32.2b	5.72b	5.8b	1 743.63b	11.13b

注：不同字母表示在 0.05 水平上差异显著。

第二节 干旱和 AM1 调控对叶片光合特性的影响

从表 8-2 可以看出，干旱胁迫后油菜苗期叶片光合指标参数如光合速率 P_n、气孔导度 G_s、胞间 CO_2 浓度 C_i 和蒸腾速率 T_r 均显著降低，降低幅度分别为 72.3%、80.1%、28.5% 和 75.0%。200 μmol/L 的 AM1 处理后，光合指标参数显著升高，P_n、G_s、C_i 和 T_r 分别比干旱处理升高了 43.1%、54.8%、18.2 和 38.3%。ABA（T_3）和助剂（T_4）处理对干旱的缓解无作用，光合特性参数均无显著提高（$P>0.05$）。不同处理间水分利用效率（WUE）间无显著差异，这也说明 AM1 不能提高干旱处理下的油菜叶片水分利用效率。与对照（CK）相比，干旱处理后气孔限制值均升高，但不同处理的胞间 CO_2 浓度均降低，说明光合作用主要受气孔限制。

表 8-2 干旱和 AM1 调控对叶片光合和气体交换参数的影响

处理	P_n [μmol/ ($m^2 \cdot s$)]	G_s [mol/ ($m^2 \cdot s$)]	C_i (μmol/ mol)	T_r [mmol/ ($m^2 \cdot s$)]	WUE	Ls
CK	17.83a	0.21a	242.17a	2.72a	6.56a	0.40b
干旱处理（D）	4.94c	0.04c	173.17d	0.68c	7.25a	0.57a
T_1	6.71b	0.06b	200.00bc	0.92b	7.45a	0.51ab
T_2	7.07b	0.07b	204.67b	0.94b	7.58a	0.50ab
T_3	4.67c	0.04c	187.00bcd	0.61c	7.78a	0.54ab
T_4	4.90c	0.04c	179.67cd	0.67c	7.31a	0.56a

注：不同字母表示在 0.05 水平上差异显著。

第三节 干旱和 AM1 调控对超氧阴离子产生速率和过氧化氢的影响

由图 8-1（a）可以看出，干旱胁迫处理后，超氧阴离子产生速率显著升高，上升幅度达 36.2%；AM1 和 ABA 处理均显著降低了干旱胁迫后苗期叶片中的超氧阴离子产生速率，与干旱处理（D）相比，AM1 100（T_1）、AM1 200（T_2）和 ABA100（T_3）处理后超氧阴离子产生速率分别下降了 13.2%、25.0% 和 20.1%；但助剂处理（T_4）对干旱引起的超氧阴离子产生速率的升高无明显缓解作用。复水处理后，不同处理及对照超氧阴离子（O_2^-）产生速率显著下降，但不同生长调节剂（AM1 和 ABA）处理在复水后叶片中 O_2^- 产生速率均恢复至同一水平，不同处理与对照间超氧阴离子产生速率差异不显著，超氧阴离子产生速率大小均在 1.7～1.9nmol/(min·g)。

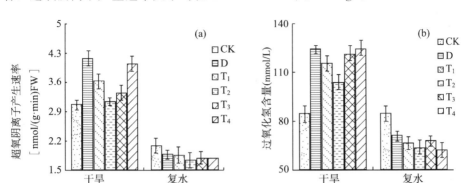

图 8-1 干旱和 AM1 调控对超氧阴离子产生速率和过氧化氢的影响

过氧化氢（H₂O₂）是生物细胞代谢过程中产生的一种活性氧。一般情况下，H₂O₂ 在植物体内可以通过其自身的 ROS 清除系统保持较低水平。但当植物遭受逆境胁迫时，ROS 系统清除能力不足以清除产生的过多的活性氧，因此，在植物体内就会形成氧化损伤。由图 8-1 (b) 可以看出，干旱胁迫处理后，油菜叶片细胞内过氧化氢含量显著升高，升高幅度达 47.1%；AM1 处理后过氧化氢含量下降，特别是以 200μmol/L 浓度的 AM1 处理下降达到显著水平，与干旱（D）处理相比降幅达 10.5%；100μmol/L 的 ABA（T₃）处理对干旱胁迫下叶片中过氧化氢含量无显著作用。复水后，包括干旱处理在内的各处理过氧化氢含量均显著下降，显著低于正常供水对照（CK），但不同处理间油菜叶片中过氧化氢含量差异不显著（$P > 0.05$）。

第四节 干旱和 AM1 调控对抗氧化酶活性的影响

由图 8-2 (a) 可以看出，油菜受干旱胁迫后 SOD 活性显著升高。干旱胁迫后 AM1 和 ABA 处理对 SOD 活性具有一定的降低作用，特别是以 200μmol/L 浓度的 AM1 处理（T₂）和 100μmol/L 浓度的 ABA 处理（T₃）使 SOD 活性下降达到显著水平（$P < 0.05$），分别较干旱处理（D）下降了 3.87% 和 3.49%，但仍然显著高于正常供水（CK）。复水处理后，不同处理油菜叶片 SOD 活性恢复至同一水平。

与 SOD 活性变化趋势基本一致，干旱处理后 POD 活性也显著升高 [图 8-2 (b)]。干旱胁迫后不同浓度 AM1 处理促使 POD 活性进一步显著升高，

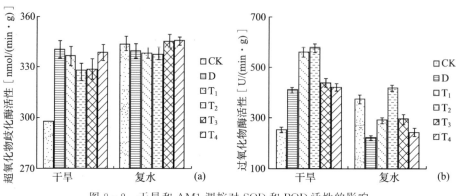

图 8-2　干旱和 AM1 调控对 SOD 和 POD 活性的影响

T_1 和 T_2 处理分别较干旱处理（D）升高了 36.2% 和 40.2%。ABA 处理后 POD 活性未见显著升高，与干旱处理（D）仍然处于同一水平。复水后，正常供水对照和 200 μmol/L 浓度的 AM1 处理（T_2）的油菜叶片 POD 活性处于较高水平，分别比干旱处理（D）高 68.6% 和 89.1%；复水后 T_1 处理和 T_3 处理均显著低于正常供水对照（CK），但仍显著高于干旱处理（D），比干旱处理 D 分别高 30.4% 和 32.5%。

第五节　干旱和 AM1 调控对油菜 ASA 和 GSH 的影响

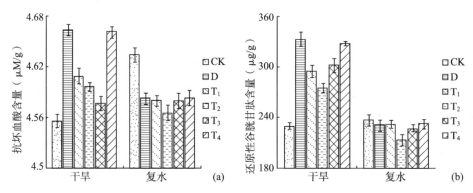

图 8-3　干旱和 AM1 调控对油菜 ASA 和 GSH 含量的影响

　　抗坏血酸和谷胱甘肽是植物体内高丰度的小分子抗氧化物质，是植物遭受胁迫后自我防御的抗氧化系统的重要组成部分。由图 8-3（a）可以看出，干旱胁迫后抗坏血酸含量显著升高。不同浓度 AM1 和 ABA 处理对由干旱引起的抗坏血酸含量升高具有一定程度的降低作用，T_1、T_2 和 T_3 处理分别较干旱处理（D）降低了 1.2%、1.4% 和 1.9%。助剂（T_4）处理对干旱胁迫无显著性缓解作用。复水后，除正常供水对照（CK）处于较高水平外，其他处理均较低，且处于同一水平。

　　由图 8-3（b）可以看出，还原性谷胱甘肽含量受干旱胁迫后显著升高，升高幅度为 44.7%。干旱胁迫后施用不同浓度的 AM1 和 ABA 对油菜叶片中还原性谷胱甘肽含量的升高有显著降低作用；T_1、T_2 和 T_3 处理后油菜叶片中还原性谷胱甘肽含量分别较干旱处理（D）降低了 11.5%、17.4% 和 9.2%，助剂（T_4）处理对干旱胁迫后的 GSH 含量无显著影响。复水后，除 T_2 处理中 GSH 含量水平相对较低外，其他不同处理间还原性谷胱甘肽含量无显著性差异。

第六节　干旱和 AM1 调控对油菜 MDA 含量的影响

　　叶片 MDA 的含量直接反映了细胞膜脂过氧化程度，是受伤害的重要标志，丙二醛含量增高说明衰老进程加快。由图 8-4 可以看出，干旱（D）胁迫处理后，丙二醛含量受干旱处理升高了约 1.5 倍。ABA 和 AM1 处理后，与干旱（D）处理相比丙二醛（MDA）含量显著降低，其中以 200μmol/L 浓度的 AM1 处理（T_2）对丙二醛的降幅最大，达 43.6%，其次是 100μmol/L 浓度的 ABA 处理（T_3），降幅为 37.3%，100μmol/L 浓度的 ABA 处理（T_1）对丙二醛的降幅为 34.2%，其中 T_1 和 T_3 处理之间无显著性差异。助剂（T_4）处理对干旱胁迫后的油菜叶片中 MDA 含量无显著影响。复水后，不同处理间

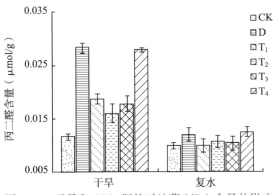

图 8-4　干旱和 AM1 调控对油菜 MDA 含量的影响

内二醛含量均显著下降，不同处理与正常供水对照（CK）间无显著差异。

第七节 干旱和 AM1 调控对油菜可溶性蛋白和脯氨酸含量的影响

由图 8-5（a）可以看出，干旱胁迫后（D）油菜叶片可溶性蛋白含量比正常供水对照（CK）升高了 12.3%。从平均值来看，不同浓度 AM1 处理（T₁ 和 T₂）和 ABA 处理（T₃）对干旱胁迫处理后的油菜叶片可溶性蛋白含量具有一定的降低作用，但未达到显著性水平。复水后，不同处理（D、T₁、T₂、T₃ 和 T₄）油菜叶片中可溶性蛋白含量均恢复至与正常供水对照（CK）同一水平。

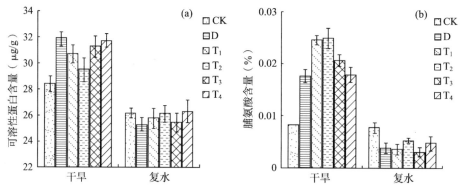

图 8-5 干旱和 AM1 调控对油菜可溶性蛋白和脯氨酸含量的影响

与可溶性蛋白含量变化趋势类似，干旱处理后油菜叶片脯氨酸含量显著升高［图 8-5（b）］。低浓度的 AM1（T₁）处理和 ABA（T₃）处理进一步促进了脯氨酸含量的升高；但 200μmol/L 浓度的 AM1 处理（T₂）后，脯氨酸含量升高却未达到显著性水平。复水后，不同处理的油菜叶片脯氨酸含量均显著降低，甚至显著低于正常供水处理（CK）。

由表 8-3 可以看出，油菜产量及产量构成因素受干旱胁迫影响较大，体现为单株有效角果数、千粒重和产量等均显著降低，其中苗期干旱导致单株有效角果数、千粒重和产量的降低幅度分别达到 17.0%、26.4% 和 22.0%，对每角粒数影响不大；花期干旱导致单株有效角果数和产量的降低幅度分别达到 32.3% 和 35.2%，对每角粒数和千粒重影响不大。每角粒数较正常处理增加，但增加不显著，最终导致产量较正常处理显著下降。苗期干旱胁迫后用 AM1 和 ABA 处理对每角粒数影响最大，每角粒数显著增多；产量以 AM1 200

（T_2）处理最高，但仍显著低于正常供水对照（CK）。花期干旱胁迫后用 AM1 和 ABA 处理对千粒重影响最大，特别是 T_2 处理后甚至显著高于正常供水对照（CK）；不同浓度 ABA 和 AM1 处理中以 T_2 处理产量最大，但不同处理间差异未达到显著性水平。

表 8－3　不同生育期干旱和 AM1 调控对油菜产量及构成因素的影响

处理		单株有效角果数（个）	每角粒数（个）	千粒重（g）	单株产量（g）
苗期干旱	CK	251.2a	19.6c	4.23a	14.47a
	D	208.6b	20.0bc	3.30b	10.65b
	T_1	215.8b	21.0ab	3.27b	10.47b
	T_2	211.4b	21.4a	3.43b	11.22b
	T_3	206.7b	21.0ab	3.35b	10.82b
	T_4	212.8b	20.1bc	3.37b	10.25b
花期干旱	CK	251.2a	19.6a	4.23b	14.47a
	D	170.1b	19.9a	4.37b	9.37b
	T_1	186.1b	19.4a	4.60ab	9.80b
	T_2	180.7b	19.8a	4.83b	10.37b
	T_3	172.3b	19.4a	4.50ab	9.69b
	T_4	174.5b	19.8a	4.53ab	9.49b

注：不同字母表示在 0.05 水平上差异显著。

第八节　讨论与结论

作物生长对土壤水分条件的适应性反应是一个十分复杂的问题。一些研究认为，干旱胁迫会导致作物生长受阻，但胁迫解除后会快速生长，以部分弥补胁迫造成的损失，但这种水分胁迫解除后作物形态和生长速率的变化可能在 1 周左右才能表现。在本实验中，干旱处理后株高、根茎粗、叶面积以及干物重等生物学性状受到了显著影响，但复水后油菜叶片中某些生理指标，如过氧化氢含量、抗坏血酸含量以及脯氨酸含量等明显表现出了优于正常供水对照的现象。王磊等（2006）认为这可能是由于前期干旱增强了植株叶片的渗透调节能力，其渗透势降低；复水后即叶片水分状况得到改善后，由于叶片的较强的渗透调节能力，因此有利于叶片的生长、光合及抗氧化酶系统的修复等生理过程。

外施植物生长调节剂对于植物的生长发育及其抗逆境胁迫生长具有重要作

用。本研究结果表明，外施 AM1 和 ABA 均有利于油菜干旱的缓解，其中 AM1 对干旱胁迫的缓解作用明显优于 ABA。苗期干旱胁迫后用 AM1 和 ABA 处理对每角粒数影响最大，每角粒数显著增多；花期干旱胁迫后用 AM1 和 ABA 处理对千粒重影响最大。王月霞等（2011）研究认为以 ABA 介导的 ps-bA 转录水平的回升能够促进光合产物的转化，恢复由于干旱胁迫引起的籽粒灌浆，从而缓解干旱胁迫引起的产量下降。因此，花期 AM1 和 ABA 处理可能促进了干旱胁迫后的油菜籽粒灌浆，从而提高了千粒重。而苗期对干旱胁迫的缓解作用可能是一种综合的缓解效应，从而表现出包括每角粒数在内的产量减缓效用。

本研究结果表明，油菜在受干旱胁迫后叶片净光合速率（P_n）出现了显著下降，但水分利用效率（WUE）显著提高。干旱胁迫后，株高、根茎粗、绿叶数、叶面积、干物重等生物学指标显著降低，超氧阴离子产生速率、过氧化氢含量、抗氧化酶活性、抗坏血酸含量、GSH 含量、MDA 含量以及可溶性蛋白含量等生理指标均升高。但外施一定浓度的 AM1 和 ABA 能有效缓解干旱所引起的负面作用。

在水分胁迫环境下，植物通过合理协调碳同化与水分消耗之间的关系从而最大限度减小胁迫对其自身造成的生长或产量损失，是植物在长期进化过程中的抗旱策略的一个重要组成部分。王玉民（2011）认为通过环境因子（高温、干旱、干湿生态、低浓度 CO_2 等）的诱导可以实现 C_3 植物中 C_4 途径的高表达。C_3 和 C_4 植物的光合特征具有极大的可塑性。本研究结果表明虽然干旱处理后水分利用效率提高，但光合速率等光合特性指标仍然显著下降，且未发现诱导的显著迹象，这可能与本研究设置的干旱胁迫程度较重有关。

第九章　渍水胁迫对油菜光合生理的影响和调控

　　渍害又称湿害，是当前影响作物生长的一种重要灾害。油菜属于渍水敏感作物，渍水危害对其正常生长和生产的影响尤为严重。渍水可导致油菜株高、根茎粗、绿叶数、叶面积等显著降低，一次分枝和二次有效分枝数减少，单株角果数和粒数大幅下降。渍害后土壤水分过多，田间湿度大，苗势弱，抗耐性较低，有利于病菌繁殖和传播，引起根腐病、霜霉病、菌核病等，造成渍害次生灾害。渍水危害可导致菜籽产量和含油量大幅下降。生产上多采用开沟排水、清沟理墒等农艺措施，降低地下水位、排除渍水来应对渍水危害。这些措施虽然在一定程度上能缓解渍水对油菜生长的影响，但需要耗费大量劳力，在油菜封行后操作上也有一定困难。

　　脱落酸（ABA）和油菜素（BR）是两种对植物生长完全不同的激素。ABA 被普遍认为是一种逆境胁迫激素，在植物应对逆境条件中发挥着重要的作用。它可以诱导气孔关闭；提高超氧化物歧化酶（SOD）、过氧化物酶（POD）、过氧化氢酶（CAT）、抗坏血酸过氧化物酶（APX）、谷胱甘肽还原酶（GR）等抗氧化酶活性，增加非酶抗氧化物质如抗坏血酸、还原性谷胱甘肽、类胡萝卜素等的含量。而 BR 对植物生长主要起促进作用，它不仅能提高 SOD、POD、CAT 等抗氧化酶活性，增加非酶促抗氧化物质的含量，还能提高无氧呼吸酶、ATP 酶、蔗糖合成酶活性，增加可溶性糖、可溶性蛋白质和游离脯氨酸等渗透调节物质的含量，增加绿叶面积和叶绿素含量，提高光合能力。当前一些研究表明，BR 也参与低温胁迫、盐胁迫等多种生理过程，在植物抗逆过程中发挥着重要的作用。但目前有关 ABA 和 BR 对苗期油菜幼苗耐渍性影响的研究还很薄弱。作者以甘蓝型油菜中双 9 号为供试材料，研究了苗期渍水条件下，外源 ABA 和 BR 对油菜生长和生理生化过程的影响，旨在进一步阐明外源 ABA 和 BR 在调节植物耐渍性中的作用及机理，为油菜抗渍性的化学调控提供一定的理论基础。

　　试验于 2010 年 10 月至 2011 年 2 月在中国农业科学院油料作物研究所遮雨棚内进行（湖北武汉，北纬 30°37′，东经 114°20′）。聚乙烯塑料盆钵直径 30cm、高 30cm，盆底中央有排水孔，每盆装土 5kg。播种前每盆施入尿素

0.70g、氯化钾 0.39g、过磷酸钙 1.95g、硼砂 0.03g。将经过挑选的油菜种子用 0.1% HgCl₂ 溶液消毒 10min，去离子水清洗干净，置于培养箱中催芽（温度 25℃），待种子露白后，播种于盆钵中。定时浇水，保持土壤水分在田间最大持水量的 70% 左右。3 叶期定苗，每盆均匀保留 4 株幼苗。待油菜幼苗长到 5 叶期时，进行如下处理：①渍水（保持外侧桶内水层与土层持平）+25mL 蒸馏水（叶面喷施）；②渍水＋ABA（75.67μmol/L，每盆 25mL，叶面喷施）；③渍水＋BR（0.21μmol/L，每盆 25mL，叶面喷施）；④对照（正常供水）+25mL 蒸馏水（叶面喷施）。分别于处理后 0d、2d、6d、12d、18d 时进行破坏性采样，每个处理 3 个重复。

第一节　外源 ABA 或 BR 对苗期渍水胁迫下油菜生长的影响

从图 9-1 可以看出，渍水胁迫对中双 9 号油菜干重的影响因渍水时间差异很大。第 2d 时，油菜干重在各处理间没有显著差异；第 6 和 12d 时，渍水处理的油菜干重比正常供水的对照高；第 18d 时，所有渍水处理油菜植株干重却显著低于正常供水对照。从渍水处理来看，第 2d 和 6d 时，油菜干重在叶面喷施

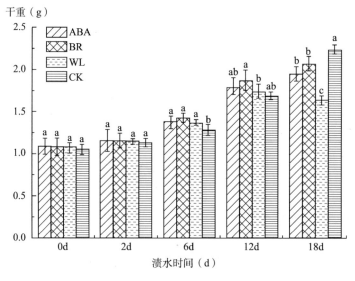

图 9-1　ABA 和 BR 对渍水胁迫下油菜幼苗生长的影响

注：误差线代表标准误（n＝3）；不同小写字母分别代表在 0.05 水平上的差异显著；ABA：渍水＋叶面喷施 ABA；BR：渍水＋叶面喷施 BR；WL：渍水＋叶面喷施蒸馏水；CK：正常供水对照＋叶面喷施蒸馏水。

ABA、BR 或蒸馏水处理之间没有显著差异；第 12d 和 18d 时，叶面喷施 ABA 或 BR 使油菜幼苗干重显著高于喷施蒸馏水处理，其中 BR 效果好于 ABA。

第二节　外源 ABA 或 BR 对渍水胁迫下油菜光合作用的影响

一、外源 ABA 或 BR 对渍水胁迫下油菜光合色素的影响

如表 9-1 所示，3 个渍水处理均使油菜幼苗叶片总叶绿素含量和类胡萝卜素含量降低，而正常供水的油菜叶片光合色素含量在整个试验期内未发生显著变化。与渍水条件下喷施蒸馏水相比，叶面喷施 ABA 或 BR 使油菜在渍水条件下叶片总叶绿素含量和类胡萝卜素含量增加。18d 时，与单纯渍水处理相比，ABA 处理的油菜幼苗叶片总叶绿素和类胡萝卜素含量增加 16.67%、29.41%，BR 处理的油菜幼苗总叶绿素和类胡萝卜素含量增加 19.13%、47.06%。其中 BR 比 ABA 对增加更有效。叶绿素 a/叶绿素 b 值是反映植物光

表 9-1　ABA 或 BR 对渍水胁迫下油菜叶片光合色素含量的影响

项目	处理	渍水时间（d）				
		0	2	6	12	18
总叶绿素（mg/g）	ABA	2.27±0.14a	2.24±0.02a	2.14±0.02a	2.01±0.02a	1.89±0.05a
	BR	2.26±0.03a	2.28±0.04a	2.22±0.03a	2.08±0.05a	1.93±0.03a
	WL	2.23±0.03a	2.21±0.09a	2.06±0.04b	1.86±0.01b	1.62±0.03b
	CK	2.24±0.02a	2.17±0.11a	2.09±0.03b	2.01±0.03a	2.05±0.03a
叶绿素 a/叶绿素 b	ABA	2.67±0.01a	3.06±0.29a	3.00±0.11a	3.04±0.07a	3.10±0.16a
	BR	2.73±0.20a	2.91±0.03a	2.95±0.04a	3.00±0.19a	3.20±0.20a
	WL	2.50±012a	2.67±0.08a	2.75±0.13a	2.76±0.07a	2.78±0.09a
	CK	2.65±0.05a	2.51±0.18a	2.55±0.13a	2.71±0.07a	2.80±0.19b
类胡萝卜素（mg/g）	ABA	0.36±0.01a	0.33±0.02a	0.30±0.01a	0.26±0.02ab	0.22±0.01a
	BR	0.37±0.01a	0.35±0.01a	0.31±0.03ab	0.28±0.02b	0.25±0.02a
	WL	0.37±0.01a	0.33±0.01a	0.29±0.01b	0.24±0.02c	0.17±0.02b
	CK	0.35±0.01a	0.34±0.02a	0.36±0.01a	0.33±0.05a	0.32±0.04a

注：同一列内，不同小写字母分别代表处理间在 0.05 水平上的差异显著；ABA：渍水＋叶面喷施 ABA；BR：渍水＋叶面喷施 BR；WL：渍水＋叶面喷施蒸馏水；CK：正常供水对照＋叶面喷施蒸馏水。

合及对环境变化的指标。短时间渍水处理后，不论是否喷施 ABA 和 BR 中双9 号油菜幼苗叶绿素 a/叶绿素 b 值均无显著差异，第 18d，叶面喷施 ABA 或 BR 均使油菜幼苗叶绿素 a/叶绿素 b 值显著高于渍水处理。说明经 ABA 和 BR 处理的油菜幼苗能经受渍水胁迫的伤害，受渍水胁迫的影响较小，缓解了光合色素因渍水胁迫引起的降解。

二、外源 ABA 或 BR 对渍水胁迫下油菜光合参数的影响

渍水胁迫下，油菜幼苗叶片净光合速率（P_n）、气孔导度（G_s）、胞间 CO_2 浓度（C_i）和蒸腾速率（T_r）均在第 2d 时出现轻微降低，第 6d 后降幅随时间明显增强；而正常供水处理的 P_n、G_s、T_r 和 C_i 在试验期间没有发生显著变化（表 9-2）。与渍水条件下叶面喷施蒸馏水处理相比，叶面喷施 BR 的油菜叶片 P_n 和 C_i 在渍水处理第 6~18d 时均明显上升，G_s 在处理第 6d 和第 12d 时显著增加，但在处理第 18d 时差异不显著，T_r 在 BR 处理中无显著差异产生；喷施 ABA 的油菜叶片 P_n 在渍水处理 12d 和 18d 时显著增加，C_i 在处理 12d 无增幅不明显，但在 18d 时明显增加，G_s 和 T_r 在 ABA 处理中均无显著差异产生。从施用效果来看，BR 较 ABA 对渍水胁迫下油菜光合作用具有更加快速、高效的缓解作用。

表 9-2 ABA 或 BR 对渍水胁迫下油菜光合作用的影响

项目	处理	渍水时间（d）				
		0	2	6	12	18
P_n	ABA	13.87±0.88a	11.21±1.24a	8.60±0.68c	6.56±2.00c	4.56±0.68c
	BR	14.24±2.01a	11.43±2.00a	9.24±1.58b	7.21±0.48b	5.17±0.95b
	WL	13.98±1.98a	11.44±1.50a	8.77±0.86c	6.12±0.78d	4.21±1.02d
	CK	14.01±2.03a	13.98±1.21a	13.87±2.01a	13.65±0.99a	14.21±1.00a
G_s	ABA	0.32±0.01a	0.27±0.04a	0.21±0.03c	0.16±0.02c	0.10±0.01b
	BR	0.34±0.01a	0.31±0.01a	0.26±0.04b	0.20±0.01b	0.14±0.01b
	WL	0.31±0.04a	0.26±0.01a	0.20±0.01c	0.14±0.01c	0.09±0.01b
	CK	0.33±0.02a	0.35±0.04a	0.34±0.02a	0.31±0.01a	0.32±0.03a
C_i	ABA	182.32±5.69a	169.32±5.32a	148.67±2.48c	120.00±9.36c	104.69±6.39b
	BR	192.35±8.79a	179.68±7.69a	162.00±9.23b	142.36±7.89b	111.25±9.31b
	WL	190.25±8.69a	170.56±9.36a	146.32±8.98c	110.36±9.98c	80.68±6.84c
	CK	189.36±2.25a	192.35±3.65a	196.33±4.56a	187.69±3.21a	197.32±5.32a

（续）

项目	处理	渍水时间（d）				
		0	2	6	12	18
T_r	ABA	1.69±0.06a	1.63±0.05a	1.35±0.04b	1.12±0.04b	0.83±0.04b
	BR	1.73±0.04a	1.61±0.06a	1.38±0.03b	1.14±0.05b	0.90±0.02b
	WL	1.76±0.05a	1.60±0.04a	1.32±0.02b	1.08±0.07b	0.81±0.04b
	CK	1.73±0.02a	1.70±0.03a	1.68±0.05a	1.71±0.03a	1.67±0.03a

注：同一列内，不同小写字母分别代表处理间在 0.05 水平上的差异显著；P_n：净光合速率；G_s：气孔导度；C_i：胞间 CO_2 浓度；T_r：蒸腾速率。

第三节　外源 ABA 或 BR 对渍水胁迫下油菜其他生理指标的影响

一、外源 ABA 或 BR 对渍水胁迫下油菜抗氧化酶活性的影响

如图 9-2 所示，油菜幼苗叶片中抗氧化酶活性在渍水胁迫下变化较大。不论是否喷施 ABA 或 BR，油菜幼苗叶片中 SOD、POD 和 CAT 活性均随着渍水时间的延长呈先上升后下降的变化趋势，12d 时到达峰值。18d 时，与渍水条件下叶面喷施蒸馏水相比，叶面喷施 ABA 处理使油菜幼苗叶片 SOD、POD 和 CAT 活性较单纯渍水处理提高 45.30%、35.96% 和 19.06%，叶面喷施 BR 处理使油菜幼苗叶片 SOD、POD 和 CAT 活性提高 67.78%、51.34% 和 30.19%。这说明，外施 ABA 和 BR 可以提高油菜幼苗叶片抗氧化酶活性，且 BR 对油菜幼苗抗氧化酶活性的促进作用大于 ABA。

二、外源 ABA 或 BR 对渍水胁迫下油菜 MDA 含量的影响

总的来说，3 个渍水处理均使油菜幼苗叶片丙二醛（MDA）含量随渍水时间呈现出先升高后降低的趋势，其中 12d 时为转折点，而正常供水处理油菜叶片 MDA 含量在整个试验期内未发生显著变化（图 9-3）。渍水处理第 6~18d，与渍水条件下叶面喷施蒸馏水相比，叶面喷施 ABA 或 BR 使渍水条件下油菜叶片中 MDA 的含量显著降低，其中 BR 比 ABA 对降低 MDA 含量更有效。

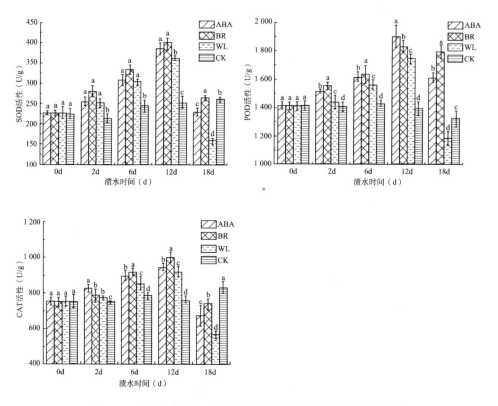

图 9-2　ABA 或 BR 对渍水胁迫下油菜抗氧化酶活性的影响

注：误差线代表标准误（$n=3$）；不同小写字母分别代表在 0.05 水平上的差异显著；ABA：渍水＋叶面喷施 ABA；BR：渍水＋叶面喷施 BR；WL：渍水＋叶面喷施蒸馏水；CK：正常供水对照＋叶面喷施蒸馏水。

三、外源 ABA、BR 对渍水胁迫下油菜可溶性糖含量的影响

从图 9-4 可以看出，3 个渍水处理均使中双 9 号油菜叶片可溶性糖含量随时间呈现出先升高后降低的趋势，12d 时达到最大值，而正常供水处理的油菜叶片可溶性糖含量在整个试验期内未发生显著变化（图 9-4）。与渍水条件下叶面喷施蒸馏水相比，叶面喷施 ABA 或 BR 使油菜叶片中可溶性糖含量增加，施用效果因渍水时间差异很大，第 2d 和 6d 时，叶面喷施 ABA 处理使油菜叶片可溶性糖增加量较 BR 高 4.07％和 1.98％，第 12d 和 18d 时，BR 处理的可溶性糖增加量却高于 ABA 处理。

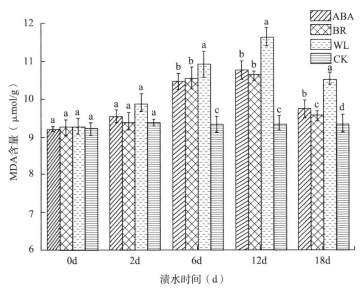

图 9-3　ABA 或 BR 对渍水胁迫下油菜丙二醛含量的影响

注：误差线代表标准误（$n=3$）；不同小写字母分别代表在 0.05 水平上的差异显著；ABA：渍水＋叶面喷施 ABA；BR：渍水＋叶面喷施 BR；WL：渍水＋叶面喷施蒸馏水；CK：正常供水对照＋叶面喷施蒸馏水。

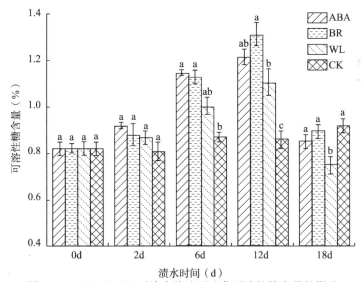

图 9-4　ABA 和 BR 对渍水胁迫下油菜可溶性糖含量的影响

注：误差线代表标准误（$n=3$）；不同小写字母分别代表在 0.05 水平上的差异显著；ABA：渍水＋叶面喷施 ABA；BR：渍水＋叶面喷施 BR；WL：渍水＋叶面喷施蒸馏水；CK：正常供水对照＋叶面喷施蒸馏水。

第四节 讨论与结论

本试验结果表明，长期渍水胁迫下油菜幼苗生长受到明显抑制。外源 ABA 和 BR 有效缓解了渍水胁迫对油菜幼苗生长的抑制作用，且对渍水胁迫的缓解效果 BR 大于 ABA。Marcin 等（2002）证实 $100\mu mol/L$ 的 ABA 可缓解低温对油菜生长的抑制作用。陆晓民等（2006）通过盆栽试验研究表明，外施 BR 可增加渍水胁迫下毛豆干物质积累量。渍水胁迫下，叶面喷施 ABA 和 BR 能够有效增加油菜幼苗干重，这可能与其调控某些生理生化过程有关。但是本试验中 ABA 和 BR 处理仍未彻底缓解渍水胁迫危害，可能是因为长时间渍水胁迫对油菜幼苗生长的抑制程度较大，也可能与外源 ABA 和 BR 的使用时间和方式有关。

光合色素是绿色植物光合作用系统中的核心成分，有研究认为，光合色素含量变化最直接的结果就是改变植物的光合作用。渍水胁迫下叶绿体膨胀，被膜破坏或消失，类囊体膜出现空泡化或解体，叶绿素含量降低。渍水胁迫下产生过量的 ROS 使光合器官结构遭到破坏，进而影响光合膜上光合作用的顺利进行。外源施用 ABA 或 BR，一方面提高相关抗氧化酶的活性，清除过量的活性氧，保护光合器官免受伤害；另一方面提高光合酶、碳水化合物代谢酶活性，维持光合反应的进行。张辉等（2009）通过盆栽试验发现，$10\mu mol/L$ ABA 处理的大豆幼苗在盐胁迫下保持较高的叶绿素含量、较高的光合能力和生物量。Kang 等（2009）通过营养液培养研究发现，$1.0\mu g/L$ 表油菜内酯能显著增加低氧胁迫下黄瓜幼苗叶绿素含量，提高黄瓜幼苗光合速率，并显著增加黄瓜幼苗生物量。本试验结果显示，渍水胁迫可显著降低中双 9 号油菜幼苗叶片中光合色素含量和光合速率，外源施用 ABA 和 BR 可有效增加中双 9 号油菜幼苗叶片中光合色素含量，提高油菜幼苗光合能力。施用效果上，BR 处理的油菜幼苗光合色素含量和光合速率增幅显著高于 ABA。增加光合色素含量和提高光合效率可能是外源 ABA 和 BR 促进渍水胁迫下油菜幼苗生长的作用机制之一。

渍水逆境通过在植物体内诱导产生活性氧（ROS）对植物产生氧化伤害。一方面，过量的 ROS 能够破坏膜脂结构，引起蛋白变性、DNA 链断裂和碱基突变，以及膜脂过氧化产生 MDA；另一方面，植物通过提高抗氧化酶活性来减轻活性氧伤害，较高的保护酶活性和较低的 ROS 含量是耐渍性产生的内在原因。逆境下外源施用 ABA 和 BR 处理可以诱导植物相关抗氧化酶基因的表达，提高相关抗氧化酶的活性。Agarwal 等（2005）研究表明，ABA 处理的小麦在淹水胁迫下可保持较高的 SOD 和 CAT 活性，较低的 MDA 含量。付晓记等（2008）的研究结果表明，BR 处理显著提高了淹水胁迫下牛膝叶片 SOD 和 CAT 活性，增强了耐涝性。本研究表明，随着渍水胁迫的加剧，ABA 和 BR 处理的 SOD、POD 和 CAT 活性高于渍水处理，MDA 含量明显低于渍水处理。外源 ABA 或 BR 处理的油菜幼苗抗氧化酶活性的提高，对渍水胁迫下油菜幼苗体内活性氧猝灭，维持生命大分子的功能，减少膜脂过氧化，缓解渍水胁迫伤害，促进油菜幼苗生长是非常有益的。

可溶性糖既是渗透调节物质，又是合成其他有机溶质的碳架和能量来源，在植物对逆境胁迫的适应过程中扮演重要的角色。研究表明，逆境条件下，可溶性糖的积累既可提高细胞溶质浓度、降低细胞水势、增强植物细胞吸水功能，又可稳定亚细胞结构和大分子结构，ABA 和 BR 处理能进一步加强逆境下可溶性糖的积累。Mayaba 等（2001）研究表明，ABA 处理后仙鹤藓体内可溶性糖含量显著增加，抗旱性增强。本试验结果表明，长时间渍水胁迫后，油菜幼苗叶片可溶性糖含量显著低于正常供水对照，外源 ABA 和 BR 对于渍水胁迫下油菜幼苗叶片中可溶性糖的积累起着显著的促进作用；相同条件下，BR 处理的油菜幼苗叶片可溶性糖含量高于 ABA。说明在渍水胁迫下，ABA 或 BR 处理可以通过提高植株体内可溶性糖含量而维持植株能量供应，而增强植株抗渍能力，但是 ABA 或 BR 与渍水胁迫下植株体内可溶性糖含量的关系和调节机理有待于进一步研究。

渍水胁迫下，外源 ABA 和 BR 可有效促进油菜幼苗生长，延缓了叶片光合色素的降解，提高光合能力、抗氧化酶（SOD、POD 和 CAT）活性以及渗透调节物质（可溶性糖）含量，降低了膜脂过氧化（MDA 含量）。这些生理代谢产物的变化，对提高油菜幼苗渍水胁迫期间的抵抗力起着非常重要的作用，这可能是外源 ABA 和 BR 提高油菜幼苗对渍水胁迫的适应性的机理之一。

第十章 油菜抗冻性的光合及生物学指标分析

冻害是寒害的一种，是零下低温对植物造成的伤害，是严重危害农业生产的自然灾害之一。油菜作为我国最大的越冬作物之一，冬季低温冻害是影响其产量和品质的重要因素。Lardon 等（1995）研究发现，油菜花期遭受冻害可减产 18.5%。一些较严重的冻害甚至可能导致油菜大面积绝收。近 50 年冷冻害受灾分析表明，我国的低温冷冻害有 5～7 年的变化周期，且灾害强度呈不断加大趋势。在我国历史上，1954 年、1964 年、1977 年和 2008 年等年份先后出现了多次低温冰冻天气，对我国油菜生产造成了严重危害。如何防止冬季冻害已经成为我国油菜生产中亟须解决的重要课题。

研究表明，植物的抗寒（冻）性与其生物学特性及生长发育和营养物质积累水平有直接关系。对小麦、水稻、黄瓜等作物的研究表明，品种的抗寒（冻）性与保护酶的活性、可溶性糖及游离脯氨酸等渗透调节物质的含量密切相关。对油菜来说，其抗寒（冻）性与生长发育习性、光合性能、含水量、细胞膜透性、可溶性糖和游离脯氨酸等渗透物质之间关系密切。然而，前人研究均是集中在探讨低温或冻害后植株生理指标的变化，而冻害前植株的生理指标与抗冻性间的关系鲜有报道。龚双军等（2005）认为，逆境前植株的生长状况和生理状态是影响作物抗逆性高低的重要因素。因此，筛选建立冻害前简易的油菜生物学特征及表观生理指标对于油菜抗冻栽培措施的制定及抗冻品种筛选均具有重要意义。本研究从当前主栽油菜品种抗冻性与生物学特性、叶绿素、光合效率等指标之间的关系出发，以期找出与甘蓝型冬油菜品种抗冻性关系密切的光合及其他表观指标，为甘蓝型冬油菜抗冻性品种的生理特性识别、抗冻品种选择以及抗冻栽培措施的制订提供参考依据。

试验材料选用 15 个甘蓝型油菜品种：绵油 12（T01）、中双 6 号（T02）、成油 1 号（T03）、湘油杂 6 号（T04）、丰油 701（T05）、中油杂 12（T06）、陕油 8 号（T07）、湘油 17（T08）、皖油 18（T09）、湘农油 571（T10）、中油杂 5 号（T11）、中乐油 2 号（T12）、华油杂 10 号（T13）、中油 821（T14）、中双 9 号（T15）。参试品种为武汉种子市场购买的商品种子。试验于 2007 年

9 月至 2008 年 5 月在中国农业科学院油料作物研究所阳逻试验基地进行（北纬 30°37′，东经 114°54′），试验地肥力中等，前茬为冬小麦，播前翻耕整地，清除杂草，施复合肥 750kg/hm² 为基肥，2007 年 9 月 28 日播种。小区面积 10m²（2×5m），3 次重复，完全随机区组排列。自 2008 年 1 月 11 日起，连续一个月－3.0～0.5℃低温雨雪天气，极端低温达－8.5～－11.5℃（武汉中心气象台数据资料）。

冻害调查标准参照刘后利（1985）的方法，每小区随机抽样调查 50 株，在融雪或严重霜冻解除后 4d（2 月 14 日）按照如下标准观察记载冻害百分率和冻害指数：①冻害植株百分率：表现有冻害的植株占调查植株总数的百分数；②冻害指数：将油菜植株按冻害程度分为 0 级、1 级、2 级、3 级、4 级五级，各级标准如下：0 级植株正常，未表现冻害；1 级仅个别大叶受害，受害叶局部或大部萎缩或出现灰白色冻害斑块；2 级有半数叶片受害，受害叶局部或大部萎缩、焦枯，但心叶正常，叶柄或茎秆被大量冻裂；3 级表现为全部大叶受害，受害叶局部或大部萎缩、焦枯，心叶正常或轻微受害，植株尚能恢复生长；4 级表现为全部大叶和心叶均受害，全株表现焦枯，趋向死亡。分株调查以后，按下式计算冻害指数。

$$冻害指数 = \frac{1 \times S_1 + 2 \times S_2 + 3 \times S_4 + 4 \times S_4}{调查总株数 \times 4} \times 100$$

式中 S_1、S_2、S_3、S_4 为表现 1～4 级冻害的油菜株数。

第一节　油菜品种抗冻性比较

用田间品种比较试验的方法评定植物抗冻性是目前较准确可靠的方法。叶片冻害指数能直接从外观上反映冻害对植物的伤害程度。对 15 个甘蓝型油菜品种的冻害调查结果表明（表 10-1），在长江中游气候条件下，所有品种均没有出现最严重的 4 级冻害（趋于死亡）。中双 9 号、皖油 18 和陕油 8 号的抗冻性最强；其中中双 9 号冻害指数最低，仅有 15.77，其次是皖油 18 和陕油 8 号，冻害指数分别为 16.53 和 17.08。供试品种中，除湘油 17 和中油杂 5 号抗冻性较差、冻害指数达 30 以上外，其余的如中双 6 号、成油 1 号、湘油杂 6 号、丰油 701、中油杂 12、湘农油 571、中乐油 2 号、华油杂 10 号、中油 821 等品种的冻害指数均在 20～30，这其中又以中油 821 和中油杂 12 的冻害指数较低，在 25 以下。

表 10 - 1　不同油菜品种抗冻性比较

品种	各级冻害植株百分比（%）					冻害指数
	0 级	1 级	2 级	3 级	4 级	
T01	10.67	62.67	26.67	0.00	0.00	29.00
T02	12.50	63.89	20.83	2.78	0.00	28.47
T03	11.76	72.06	16.18	0.00	0.00	26.10
T04	12.70	71.43	15.87	0.00	0.00	25.79
T05	6.06	77.27	15.15	1.52	0.00	28.03
T06	9.59	82.19	8.22	0.00	0.00	24.66
T07	36.67	58.33	5.00	0.00	0.00	17.08
T08	4.69	64.06	28.13	3.13	0.00	32.42
T09	45.16	43.55	11.29	0.00	0.00	16.53
T10	3.64	85.45	10.91	0.00	0.00	26.82
T11	4.92	42.62	45.90	6.56	0.00	38.52
T12	19.12	61.76	16.18	2.94	0.00	25.74
T13	16.39	62.30	14.75	6.56	0.00	27.87
T14	23.08	60.00	16.92	0.00	0.00	23.46
T15	40.00	56.92	3.08	0.00	0.00	15.77

第二节　冬前生物学性状与冻害指数的关系

　　由表 10 - 2 和表 10 - 3 可以看出，供试油菜幼苗在低温来临前，生物学性状因不同品种存在差异，其中株高、地下鲜质量和地上鲜质量达到显著差异（$P < 0.05$）。如抗冻性较强的 T07 和 T09 株高和地上鲜质量明显低于抗冻性差的 T08，但 T07 地下鲜质量却显著高于 T08，且 T09 地下鲜质量也略高于T08。开展度、地下鲜质量、地下含水率和地上含水率品种间未达显著差异。关联度分析表明，各生物学性状与冻害指数的关联度从大到小依次为：地上含水率 > 地上鲜质量 > 株高 > 绿叶数 > 地下含水率 > 开展度 > 地下鲜质量。相关性分析结果表明，冻害指数与地上部含水率，地上鲜质量呈极显著正相关（$P < 0.01$），与株高呈显著正相关（$P < 0.05$）。即地上部含水率越高，地上鲜质量越大，植株越高，冻害指数越高，植株抗冻性越差。这说明地上部水分含量过高是影响植株抗冻性最重要的因素，且旺长苗也不利于油菜植株抵抗冻害。关联度和相关性分析均表明，地上部分含水率、地上部分鲜质量以及株高

对植株抗冻性影响较大，可作为油菜品种抗冻型鉴定的指标。

表 10 - 2　不同参试油菜品种的冬前生物学性状

品种	株高 (cm)	开展度 (cm)	绿叶数 (片)	地下鲜质量 (g)	地下含水率 (%)	地上鲜质量 (g)	地上含水率 (%)
T01	34.78±0.46cde	42.50±2.75a	11.07±0.07a	39.33±1.16gh	82.76±0.80b	399.99±25.62bcd	90.55±0.27a
T02	33.04±0.30efg	42.29±1.72a	11.40±0.26a	32.80±0.27i	81.28±1.01b	321.40±26.97ef	88.51±2.95a
T03	33.41±0.93efg	44.08±2.79a	10.90±0.26a	33.41±0.98i	79.92±2.04b	285.29±35.86f	87.51±0.27a
T04	36.46±1.40bc	44.68±4.61a	10.80±0.12a	49.30±0.65a	80.26±0.65b	437.50±21.41ab	89.12±0.34a
T05	34.50±2.03cdef	44.35±3.87a	11.17±0.49a	41.87±0.24ef	92.80±2.95a	361.57±48.16cde	88.16±0.30a
T06	39.30±0.51a	42.56±0.93a	10.73±0.09a	43.91±2.22de	80.57±0.40b	441.17±35.09ab	90.24±0.26a
T07	31.49±1.05g	41.70±1.28a	10.90±0.61a	46.06±3.09bc	81.16±2.10b	328.40±7.66ef	87.48±0.97a
T08	34.06±2.15def	42.18±0.70a	10.53±0.73a	44.26±5.16de	78.40±1.15b	407.44±10.20bc	89.59±1.83a
T09	31.28±0.71g	40.42±2.81a	10.90±0.10a	45.05±2.29cd	81.02±0.37b	306.34±14.10ef	87.24±0.46a
T10	35.11±0.42cde	47.67±1.88a	10.53±0.28a	43.13±2.87de	80.92±1.22b	430.47±52.16abc	89.37±2.24a
T11	37.82±0.67ab	45.13±2.38a	10.85±0.09a	49.15±3.52a	82.44±1.76b	501.24±38.78a	90.50±0.91a
T12	36.19±0.35bcd	41.79±1.05a	10.30±0.24a	38.43±5.21h	81.55±1.08b	407.04±47.28bc	87.56±0.80a
T13	35.89±1.84bcd	41.51±0.20a	10.75±0.09a	47.77±5.37ab	80.93±1.66b	399.91±40.12bcd	88.54±1.98a
T14	33.95±2.80def	44.94±2.52a	11.10±0.29a	40.45±3.50fg	81.90±1.14b	394.54±37.72bcd	89.49±0.49a
T15	32.24±1.98fg	40.08±1.07a	11.05±0.09a	42.58±3.84e	82.25±0.71b	292.02±29.75g	85.59±0.36a

注：表中数据用平均数±标准差表示，同一列内，不同小写字母表示不同品种间在 0.05 水平上差异显著。

表 10 - 3　参试品种冻害指数与低温前生物学性状的关联度和相关系数

项目	株高	开展度	绿叶数	地下鲜质量	地下含水率	地上鲜质量	地上含水率
关联度	0.748 4	0.683 2	0.737 6	0.625 9	0.696 7	0.752 5	0.812 0
相关系数	0.603*	0.490	−0.138	0.059	0.067	0.676**	0.728**

注：* 和 * * 分别表示在 0.05 和 0.01 水平上差异显著。

第三节　叶绿素含量与冻害指数间的关系

由图 10 - 1 可以看出，低温前油菜叶片叶绿素相对含量在不同品种间差异显著（$P < 0.05$）。相关性分析结果表明，油菜冻害指数与叶绿素相对含量呈现一定的负相关关系，即品种叶绿素相对含量越高，其抗冻性越强，但相关性未达到显著水平（$P > 0.05$）。

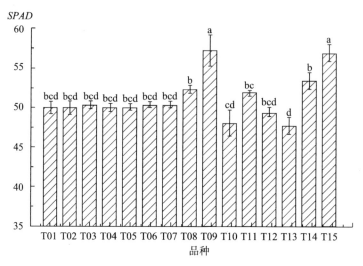

图 10-1　不同参试油菜品种叶绿素含量

注：误差线代表标准误（$n=3$），不同小写字母表示在 0.05 水平上差异显著。

第四节　光合指标与冻害指数的关系

低温来临前油菜净光合速率（P_n）、胞间 CO_2 浓度（C_i）和蒸腾速率（T_r）不同抗冻性品种间均达到极显著差异（$P<0.01$），气孔导度（G_s）达到显著差异（$P<0.05$）（表 10-4）。关联度分析结果（表 10-5）表明，油菜冻害指数与光合指标的关联度从大到小依次为：$T_r>G_s>P_n>C_i$。相关性分析结果表明，T_r 和 G_s 分别与冻害指数呈极显著（$P<0.01$）和显著性正相关（$P<0.05$），即冻害来临前 T_r 和 G_s 越高，则冻害指数越高，植株抗冻性越差。而低温来临前 P_n 和 C_i 与冻害指数之间的关系不显著（$P>0.05$）。因此，低温前蒸腾速率和气孔导度可作为油菜品种抗冻型鉴定的指标，P_n 和 C_i 不能作为品种抗冻型鉴定的指标。

表 10-4　不同参试油菜品种的光合相关指标

品种	净光合速率 [$\mu mol/(m^2 \cdot s)$]	胞间 CO_2 浓度 （$\mu mol/mol$）	蒸腾速率 [$mmol/(m^2 \cdot s)$]	气孔导度 [$mol/(m^2 \cdot s)$]
T01	10.30±0.09d	314.67±0.67bc	4.20±0.08b	0.62±0.03bcd
T02	12.47±0.44bc	252.33±13.42fg	3.01±0.16h	0.43±0.08efg
T03	11.30±1.26cd	271.75±11.02e	3.06±0.05gh	0.47±0.01ef

（续）

品种	净光合速率 $[\mu mol/(m^2 \cdot s)]$	胞间CO_2浓度 （$\mu mol/mol$）	蒸腾速率 $[mmol/(m^2 \cdot s)]$	气孔导度 $[mol/(m^2 \cdot s)]$
T04	14.83±1.04a	236.00±5.13g	3.25±0.13fg	0.55±0.06cde
T05	15.93±1.04a	235.50±7.51g	3.49±0.09de	0.72±09ab
T06	12.55±1.10bc	268.50±9.17ef	3.35±0.09ef	0.63±0.07bcd
T07	12.60±0.36bc	273.00±3.21e	3.29±0.06f	0.53±0.05cdef
T08	16.27±1.22a	250.67±5.70fg	3.50±0.07de	0.65±0.12bc
T09	13.80±1.01b	260.00±24.33ef	2.37±0.08i	0.31±0.05h
T10	13.75±0.86b	259.00±7.06ef	3.34±0.12ef	0.59±0.07cd
T11	16.00±0.56a	291.33±4.91d	4.42±0.09a	0.77±0.01a
T12	9.73±1.10d	327.00±15.60ab	3.08±0.11gh	0.34±0.07gh
T13	10.28±1.10d	342.25±15.60a	3.62±0.11d	0.51±0.07def
T14	13.00±0.58bc	301.00±13.58cd	3.58±0.17d	0.42±0.10fgh
T15	11.33±0.70cd	305.60±1.20cd	3.83±0.09c	0.44±0.04efg

注：表中数据用平均数±标准差表示，同一列内，不同小写字母表示不同品种间在0.05水平上差异显著。

表 10 - 5　参试品种冻害指数与光合相关指标的关联度和相关系数

项目	C_i	P_n	G_s	T_r
关联度	0.583 2	0.723 5	0.740 5	0.742 3
相关系数	−0.021	0.358	0.519*	0.661**

注：＊和＊＊分别表示在0.05和0.01水平上差异显著。

第五节　讨论与结论

　　由于植物抗寒性受多种微效特异抗寒基因调控，故不同品种的抗寒性存在一定的差异。大量研究表明，品种是影响植株抗冻性的根本原因。在本研究中，不同品种间抗冻性差异较大；且根据冻害指数的大小，可将参试品种大致分为3种类型，即抗冻性较强的品种，如中双9号、皖油18和陕油8号等；抗冻性一般的品种，如中双6号、成油1号、湘油杂6号、丰油701、中油杂12、湘农油571、中乐油2号、华油杂10号、中油821等；抗冻性较差的品种，如湘油 17 和中油杂 5 号等。

有研究表明，植物冬前生物性状与植株抗冻性显著相关。一般情况下，植株较矮、长势较壮的品种比植株高大、长势过旺的油菜品种更耐寒。水分是参与植物代谢的重要物质，含水量越高，代谢越旺盛，抗寒性越弱；而较低的含水量可降低植物体内代谢水平，提高抗寒性。胡胜武等（1999）研究表明，油菜抗寒性与植株含水量呈显著负相关，可作为油菜抗寒性鉴定的指标。本研究发现，油菜冻害指数与地上部含水率、地上部鲜质量和株高均显著相关，但与开展度、绿叶数、地下部含水率和地下部鲜质量未达显著相关，这与前人研究结果基本一致。这说明旺长苗及早期抽薹可能是影响油菜植株抗冻性的重要因素，低温前地上部的生长与冻害的关系更显著，且地上部含水率、地上部鲜质量和株高可作为鉴定油菜品种抗寒性强弱的指标。

叶绿素是绿色植物光合作用系统中的核心成分，叶绿体也是对冻害最敏感的细胞器之一。有研究表明，叶绿素含量的高低与植物的抗冻性显著正相关。本研究结果也表明，油菜叶片叶绿素含量的高低与抗冻性呈一定的正相关，但相关关系未达到显著水平，这可能与没有选取欧洲或者北方深色、强抗寒品种有关。任旭琴等（2006）研究发现，不同抗寒型辣椒品种低温胁迫后，抗寒性强的品种叶绿素含量下降幅度最小。Zhang 等（2011）认为，花青素含量与植物抗寒性显著相关，可作为抗寒性鉴定的指标。因此，结合对油菜抗冻性的研究结果及性状观察，低温前叶片中花青素含量以及低温胁迫后叶绿素的下降幅度与油菜抗冻性的关系可能比叶绿素含量更为密切。

P_n 是反映植物生长状况的重要指标。植物光合器官是对冻害敏感的部位。Hu 等（2006）通过盆栽和大田试验均发现，低温胁迫后番茄 P_n 显著降低。梁芳等（2010）研究发现，菊花低温处理 11d，P_n 较对照显著降低。本研究结果表明，低温前 P_n 与冻害指数呈现一定的正相关性，即 P_n 越高，油菜抗冻能力越差。这可能是由于低温前油菜 P_n 过高，植株生长过旺，引起抗冻能力降低。这也说明冬季生长过于活跃的材料，冻害更为明显。温度是影响气孔开闭的重要因子之一，气孔的开张度与植物的抗冻性密切相关。低温来临前植株的 T_r 和 G_s 与植株冻害指数呈显著的正相关。这可能是因为外界温度过低时，植物叶水势降低，气孔阻力增大，植物为维持一定的体温会关闭气孔，降低 T_r。CO_2 是光合作用的反应底物，气孔内 CO_2 浓度水平是植物光合作用的限制因子之一，因此，C_i 的高低可以作为判断光合作用潜在能力的一项指标。本研究结果表明，C_i 与油菜冻害指数呈一定的正相关性，但相关关系未达显著，不能作为油菜抗冻性鉴定的指标。

结果表明，低温前生物学特征及表观生理指标中与甘蓝型冬油菜抗冻性最为密切的分别是地上部含水率、地上部分鲜质量、株高、蒸腾速率。因此，利用这 4 个生物学性状，进行以性状为基础的冬油菜品种抗冻性选择，可以提高选择效率。但由于油菜抗冻性受选择压、基因型等因素影响较大，因此，抗冻性指标的有效性还需要进一步增加选材范围和增加选择压力进行深入研究。

第十一章 油菜群体光合作用

　　油菜生产是田间条件下的群体生产，由单叶光合所构成的群体光合作用系统不再是单叶光合的累加，它比单叶光合更为复杂，与干物质生产和经济产量的关系更为密切。我国油菜栽培技术的发展经历了 20 世纪 60 年代的冬壮春发栽培和 70、80 年代的冬发、冬春双发栽培，而这 3 个时期均主要是从群体的数量上加以调控。深入研究油菜群体光合作用规律，有利于全面了解油菜光合作用于产量形成的关系，对进一步提高油菜产量具有重要意义。冷锁虎等（2004）认为，高产群体要具有高的物质生产和积累能力，而这种高效群体冠层的形成涉及：合理的茎枝组成及其形成；适宜叶面积的发展与适宜角果皮面积的合理交替；各期干物质的积累与籽粒产量的关系等。本章将从这几个方面展开论述。

第一节 油菜群体光合面积

　　对于油菜叶面积的研究结果归结起来大致是：①在冬油菜产区，正常年份生育期间叶面积的增长是单峰曲线；在偏冷年份，由于叶片受冻，越冬期叶面积有所下降，呈双峰曲线。②最大叶面积指数（leaf area index，LAI）一般出现在开花期（高产田往往出现在盛花期），然后下降。③在受光态势上要求上层叶片光照强度超过光饱和点，下层叶片至少要在光饱和点的 2 倍以上。④在一定的叶面积指数范围内，随着叶面积指数的增加，产量也增加，而超过一定范围产量反而下降。一般情况下的最大叶面积指数以 4～5 为宜。对于油菜来说，当达到最大叶面积指数后，随着开花结实，角果皮的功能开始显现出来。随着角果表面积的增长，其表面积也有一定的指数，称之为角果皮面积指数（pod area index，PAI），指单位土地面积上角果的表面积。

第二节 油菜光合面积与干物质积累的关系

一、油菜 LAI 与干物质积累的关系

　　戴敬等（2001）研究认为，油菜初花期和盛花期的 LAI 与油菜干物质积

累表现为抛物线形二次曲线变化，在初花期 LAI 为 4.46、盛花期 LAI 为 4.62 时，植株干物质积累达最大值。终花期 LAI 与植株干物质积累呈显著线性正相关，即终花期 LAI 越大，植株干物质积累越多（表 11-1），说明油菜在初花期和盛花期保持较高的 LAI 有利于提高油菜生物学产量，盛花期 LAI 比初花期适当提高，终花期保持一定的 LAI，有利于提高植株后期的光合能力，增加生物学产量。

表 11-1　不同生育期 LAI 和 PAI 与干物质积累的关系（戴敬等，2001）

项目	生育期	方程	相关系数	显著性
LAI	初花期	$Y=4.02+5\,122.44x-574.35x^2$	0.7856	0.01
	盛花期	$Y=10.02+4\,926.03x-534.85x^2$	0.8263	0.01
	终花期	$Y=7\,488.75+1\,715.31x$	0.6106	0.05
PAI	终花期	$Y=4\,378.99+3\,299.18x$	0.6260	0.05
	成熟期	$Y=2\,274.10+2\,720.43x$	0.9208	0.01

二、油菜 PAI 与干物质积累的关系

油菜终花后，叶片的光合能力逐渐下降，油菜角果生长发育，PAI 迅速增大，逐渐成为植株光合作用的主要器官，因此角果皮面积的大小对油菜干物质积累极为重要。相关分析结果表明，油菜终花期 PAI 与油菜干物质积累呈显著线性正相关，即油菜干物质积累随终花期 PAI 的增加而提高。由于终花时油菜角果较小，因而各处理间 PAI 的差异不大。成熟期油菜 PAI 与油菜干物质积累呈极显著线性正相关，成熟期油菜干物质积累随 PAI 增加而增加，说明油菜角果皮面积越大，植株光合能力越强，油菜的生物学产量越高。

第三节　油菜光合面积与产量的关系

一、油菜 LAI 与产量的关系

油菜干物质积累是形成籽粒产量的物质基础，但不同时期形成的干物质对最终籽粒产量的形成有不同的影响。冷锁虎等（2004）的研究结果表明，初花期和盛花期的 LAI 与油菜干物质积累表现为抛物线形二次曲线变化，在初花期 LAI 为 4.46、盛花期 LAI 为 4.62 时，植株干物质积累达最大值。而终花

期 LAI 与植株干物质积累呈显著线性正相关，即终花期 LAI 越大，植株干物质积累越多。油菜在开花期以前，群体有适宜的干物质积累量是构成高产群体的基础，过低过高都不利于高产群体的形成。而油菜在终花期和成熟期的生物产量都与最终籽粒产量呈直线相关。说明开花后形成的生物产量与籽粒产量的形成更直接，并且越到后期关系越密切。

二、油菜 PAI 与产量的关系

在群体中，角果皮面积指数（PAI）决定了油菜光合效率，PAI 过大，群体中小角果、无效角果数量的大幅度增加，则会导致籽粒产量的大幅下降。因此，角果皮面积指数存在一个适宜水平。冷锁虎等（2004）分析不同产量水平下 PAI 与籽粒产量的关系得出：籽粒产量随 PAI 的增加呈先增后减的趋势。戴敬等（2001）的研究结果也表明，不同生育期 PAI 对产量的影响与 PAI 对干物质的影响相似，即产量随终花期 PAI 的增加而提高；成熟期油菜 PAI 与产量之间呈极显著的线性正相关。

第四节　油菜结角层结构及其与光合效率之间的关系

油菜结角层是由角果和果序轴组成的一个空间结构，是不同于其他所有大田作物的一种冠层结构。在结角层中包含了油菜所有的产量构成因素和后期的源库结构关系。由于角果既是油菜生育后期主要的光合器官，又是光合产物的储藏器官，且与其他作物显著不同，所以油菜结角层的结构状况一向被生产者所重视。油菜的结角层一般在 70～80cm，终花后不久，角果的鲜重增加，使果序弯曲上部角果相互重叠，从而使结角层变薄，厚度 50～60cm。角果最多的集中在 10～60cm，占总角果数的 90%，并以 10～30cm 的角果最多，占角果总数的 65%，属于高效结角层，其阴角比例小、大中角果比例高、每角粒数多、千粒重高，单位角果皮面积指数高。因此，要充分发挥结角层的生产潜力，必须促进油菜下部分支的生长以增加上部 30cm 结角层的角果密度。Chapmen 等（1984）研究认为，结角层中的角果相互遮阳是导致结角层效率不高的主要原因，即使是主序和一次分枝上发育较早的下部角果，虽然其生产潜力最大，但实际因光照不足没有充分发挥其优势。并提出了可以通过降低包括主序在内的各枝序上的结角数，改善结角层中的光照分布，使角果的相互遮

阳减少，从而使单个角果的生产力和整个结角层的效率提高。Freyman 等
（1973）研究了去角果对最终籽粒产量的影响，认为在角果生长期去掉 20％的
角果，反而提高了产量，无论是在秋播还是春播的条件下，去掉 50％的花，
产量也不会降低。朱耕如等通过对冬油菜结角层的整体研究认为，结角层以
"华盖"形结构比较合理，油菜一次枝序较长，各枝序结角起止点较高且整齐，
有利于提高光合效率。徐进东等（2000）通过对内蒙古春油菜结角层结构研究
认为：春油菜的结角层较薄，一般只有 40～50cm，其角果数主要集中在结角
层上部的 20cm 空间内，占角果总数的 70％左右。在结角层的不同层次间，千
粒重变化的幅度较大，而每角粒数变化的幅度较小；不同枝序间则是每角粒数
变化的幅度大，千粒重变化的幅度较小。整个结角层中，角果皮面积指数较
小，一般只能达到 3.5 左右，而单位角果皮面积生产力较高，平均达 9～
10mg/cm²。徐进东等（2000）还认为，高光效结角层结构的建立应具备以下
要求：一是群体直立不倒；二是提高群体中主序的比例，扩大总茎枝数，群体
总茎枝数以每 667m² 21 万～28 万为宜，其中主序占 1/4～1/3；三是增加上部
分枝的角果比例，使其达 45％左右；四是各有效分枝的结角起止点整齐一致。
这样，控制下位分枝的生长，改善结角层内部的光照条件，最终形成一个高光
效的结角层结构。提高结角层生产力的关键是在结角层的纵向上提高千粒重、
横向上增加角粒数，从而进一步提高产量。冷锁虎、朱耕如等研究不同密度、
施肥条件下春油菜结角层结构的变化后认为，各枝序的生产力与该枝序的结角
层起止点高度之和呈极显著的正相关，各有效分枝果序在结角层中与主序相
近，整个结角层整齐一致，有利于充分发挥结角层的光合效率。

第十二章　光合作用调控

影响油菜光合速率高低的因素有很多，主要分为内部因素和外部因素。在影响油菜光合速率的内部因素中，如不同品种、同一品种不同的生长发育阶段、同一植株不同部位的叶片、同一叶片的不同生长发育时期，其光合速率都有明显差异。这种光合速率的差异主要与油菜植株或群体本身的生理生化状态、叶片衰老进程以及源库关系有关。影响光合的外界因素主要是指环境因素，如光照强度、二氧化碳浓度、温度以及矿质营养等均会影响油菜光合效率。

第一节　油菜光合作用的环境调节

光既是油菜光合作用的能量来源，又是质体分化、叶绿素形成的重要条件，光照条件的改变可明显地改变植物的光合作用、营养物质的吸收及其在植物体内的重新分配等一系列生理过程，对部分光合酶活性也有很大影响，还能调节气孔开度，从而影响外界 CO_2 进入叶片，最终影响作物的产量。因此，光是影响油菜光合作用最重要的因素。

光强对油菜光合作用的影响一定光强范围内，油菜光合速率随光照强度的增加而增加，当光照超过或低于某一临界值（光饱和点和补偿点）。以后光合强度不再增加。油菜叶片的光饱和点一般为 $20\sim30$ klx，角果的光饱和点较叶片低。当油菜叶片接受的光能超过它所能利用的光量时，光合活性降低，表现光合作用的光抑制（photo inhibition of photosynthesis）。其显著特点是 PSⅡ光化学效率和光合碳同化的量子效率降低。在高温、高光强条件下，油菜叶片存在着明显的"光合午休"现象。主要是因为在干热的中午，叶片萎蔫，气孔导性下降，CO_2 吸收减少，造成光呼吸增强，产生光抑制。

一般情况下，油菜在红光下光合速率最高，蓝紫光其次，绿光最低。红光较蓝紫光可有效提高油菜叶片总叶绿素含量，增加绿叶面积，提高抗氧化酶的活性，促进油菜幼苗的生长。

第二节 CO_2 浓度对光合作用的影响

CO_2 是植物进行光合作用的重要原料。空气中 CO_2 浓度约为 0.03%，植物光合作用的最适 CO_2 浓度约为 0.1%，因此大气中的 CO_2 浓度一般不能满足植物光合作用的需求。适当提高 CO_2 浓度，可有效提高油菜不同生育期光合速率。研究表明，$550\mu mol/mol$、$750\mu mol/mol$ 大气 CO_2 浓度处理分别较对照自然大气 CO_2 浓度 $365\mu mol/mol$ 油菜苗期光合速率分别提高 23.44%、59.6%，蕾薹期光合速率分别提高 20.63%、47.09%，开花期光合速率分别提高 22.69%、34.03%，角果成熟期光合速率分别提高 15.48%、30.86%。此外，大气的 CO_2 浓度升高对油菜日光合速率的提高影响明显（图 12-1）。在油菜不同的生育期时，随着大气 CO_2 浓度的升高，油菜的蒸腾速率、气孔导度在不同的生育期均表现下降，叶片叶绿素含量呈现升高趋势。

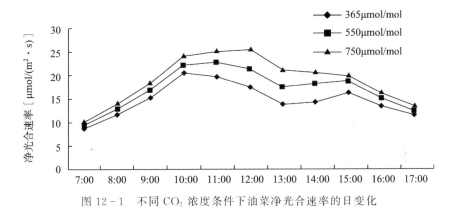

图 12-1 不同 CO_2 浓度条件下油菜净光合速率的日变化

第三节 温度对光合作用的影响

油菜光合碳代谢过程是一系列酶促反应，温度主要通过影响光合酶活性和叶绿体超微结构、气孔开闭等影响光合反应进行。温度低时，叶绿体结构遭到破坏，叶绿素含量降低，油菜光合酶活性低，CO_2 同化速率降低。温度高时，油菜角果皮叶绿素合成受阻，不仅影响了光能的吸收，而且还会使类囊体膜的热稳定性下降，从而导致油菜光合速率迅速下降。在较低的温度条件下，油菜的光合强度随着温度的上升而提高，温度达 20～25℃时，光合强度最高，以后光合强度随着温度的升高而下降，并且下降幅度较大，温度由 25℃ 上升到

30℃，光合强度下降30%～40%，温度达35℃时，光合强度很低（图12－2）。

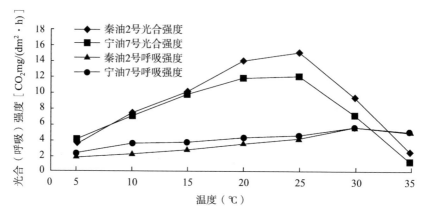

图12－2　油菜光合强度（呼吸）强度与温度的关系

第四节　水分对光合作用的影响

　　水是光合作用的原料，没有水就不能进行光合作用。油菜是对水分比较敏感的植物，水分过多或过少都会对油菜生长尤其是光合作用造成严重的影响。干旱胁迫可导致油菜PSⅡ反应中心受损，PSⅡ潜在活性受到抑制直接影响了光合作用的电子传递和CO_2的同化过程。降低了天线色素捕获的光能用于光化学反应的份额减少，ETR降低、q_P减少。蒙祖庆等（2012）研究发现，干旱胁迫下，油菜实际光化学效率、表观光合电子传递速率、光化学淬灭系数、净光合速率、气孔导度、胞间CO_2浓度、蒸腾速率均下降。干旱胁迫对油菜不同叶位叶片光合速率有不同影响，即油菜叶片的光合速率随叶位的降低而降低，上部、下部叶间光合速率相差$4.11mg/(dm^2 \cdot h)$，而充分供水时仅为$2.90mg/(dm^2 \cdot h)$，这说明干旱处理加速了油菜下部叶片的衰老，使其光合速率降低，但却促进了光合作用中心上移，使上部叶保持较高的光合速率。干旱胁迫对油菜叶片的光合速率影响最大的时期是花期。渍水胁迫也会影响油菜光合反应的进行，研究结果表明，渍水胁迫下，中双9号油菜幼苗叶绿素a、叶绿素b和叶绿素a＋叶绿素b的含量随渍水时间的延长逐渐降低。油菜蕾期渍水后，叶绿素含量有波动性变化，但总体呈下降趋势，且渍水植株叶片叶绿素含量始终低于对照，品种间表现有差异，不耐渍的降幅比耐渍的大。光合速率降低：油菜渍水时，光合速率及相关的气孔导度、蒸腾速率等指标也都降低。苗期渍水处理植株的光合速率降低28.51%。蕾期渍水处理时，低于对照

27.12%，达显著水平。对蒸腾速率的影响也达显著水平。

第五节 矿质营养对光合作用的影响

矿质营养对油菜的光合面积、光合时间和光合能力具有重要的作用。具体作用如下。

1. 氮素 是油菜生长需要量最大的营养元素，油菜除可吸收极少量的酰胺态氮化合物外，主要从土壤中吸收无机态氮-铵态氮和硝态氮。氮是作物体内许多重要有机化合物（如叶绿素、蛋白质、核酸、酶等）的组分，因而作物体内氮含量直接或间接影响着光合作用的速率和光合产物的形成。在适宜的施氮量范围内，油菜的净光合速率、叶面积指数、叶绿素含量均随着施氮量的提高而提高，但施氮量过高或过低时，则会下降。成镜等（2011）采用回归分析法，分析了苗期和角果期施氮量与油菜净光合速率的关系，随着施氮量的增加油菜苗期和角果期叶片净光合速率呈先增加后降低的变化趋势。Rathke等（2006）认为，冬前提高氮肥供应可以促进冬油菜叶面积的增加。杜艳丰等（2011）的研究结果表明，油菜幼苗叶片中的叶绿素含量，随着施氮量的增加呈先增加后降低的变化趋势，叶面积指数则随施氮量的增加而持续增加。

2. 磷 油菜对磷的吸收量远低于氮和钾，但油菜对磷营养极为敏感，磷供应水平是影响油菜产量最重要的养分因子之一。油菜细胞中磷的浓度与光合速率密切相关，当磷供给量不足时，对油菜的光合碳同化造成严重的影响。曲文章等研究认为，不同施磷量处理之间的各叶位叶的光合速率随着施磷量的增加而增加，并且不同处理间的单叶和群体光合速率在各个生育时期都随着施磷量的增加而提高。不同磷效率油菜品种对低磷胁迫的反应不同。李俊等（2011）研究结果表明，缺磷条件下磷高效基因型油菜品种中油821苗期叶片P_n、G_s、T_r等光合指标受低磷胁迫的影响不显著，而磷低效品系W182 P_n、G_s、T_r等光合指标在缺磷处理下均显著下降。余利平等研究表明，低磷胁迫使油菜蕾薹期光系统Ⅱ量子产量、电子传递速率、光化学猝灭系数显著下降，非光化学猝灭系数显著上升，能量分配方面天线热耗散和PSⅡ反应中心过剩激发能上升，PSⅡ光化学反应下降。

3. 钾 油菜是需钾较多的作物之一，近年来随着品种的改良及氮磷肥施用量的增加，产量水平大幅度提高，油菜对钾的需要量也相应增加，不少地区出现了缺钾症状，钾成为油菜产量进一步提高的限制因子之一。董春华等（2010）研究发现，油菜喷施1.00% KCl溶液提高了角果初期功能叶叶绿素含量，促进光合作用产物的合成。李得宙（2005）的研究结果表明，适量的增施钾肥有利于叶片生长，叶绿素含量的增加以及光合势的增加。

4. 微量元素 油菜是对硼元素敏感的作物，就品种而言，白菜型油菜一般不缺硼，但施硼仍可增产10%；甘蓝型油菜对硼反应敏感，缺硼时症状明显，减产严重。在甘蓝型油菜中，杂交品种较常规品种对硼反应敏感，优质油菜品种最为敏感，晚熟品种较早熟品种敏感。适量施硼有利于叶片中叶绿素含量提高，而不施硼或施硼过量均会导致油菜叶片叶绿素含量降低、不利于叶面积指数发展。增施硼肥可以提高油菜茎秆、叶片中可溶性糖含量，并在角果发育中后期维持较高水平，这将有利于促进灌浆中后期籽粒中光合产物的积累。

5. 其他微量元素 适量施锌有利于油菜茎秆中可溶性糖含量向籽粒快速转移，而施锌过量或不施锌则不利于可溶性糖转移（龙飞，2007）。铝胁迫导致油菜叶片叶绿素 a 含量下降了 2.8%～17.0%、叶绿素 b 含量下降了4.2%～17.0%，二磷酸核酮糖羧化酶活性下降了 7%～28%，光合速率下降了 6%～12%，根冠比下降了 8%～35%（刘强等，2008）。由于钕对叶绿体结构及叶绿体膜上 Mg^{2+}-ATPase 起作用，低浓度钕（$3\mu mol/L$）能促进光合作用，而高浓度钕则可抑制光合作用（魏幼璋等，2000）。

第六节 高效碳同化的诱导调控途径

C_3 作物需要更多的二磷酸核糖酮羧化酶（Rubisco）和更大的气孔开度才能固定较多的碳素。C_4 作物具有独特的光合机制所决定的高光合效率、高氮素利用效率和几乎没有光呼吸等优点以及具有较强的抗逆性。研究表明，C_3作物对太阳能的利用率仅为 C_4 作物的 50% 左右，C_3 作物的 C_4 化将可使其增产 50% 以上。因此，如何将 C_4 途径导入 C_3 作物已成为当前的研究热点。其中，利用基因工程技术将 C_4 酶关键基因导入 C_3 作物从而使其获得 C_4 途径是目前报道最多的一种技术策略。然而，该策略的局限性也十分明显，一方面，由于 C_4 途径涉及的基因众多（约占玉米总基因的 18%），很难保证这些基因能有序组装并有序运行；另一方面，C_4 途径的碳浓缩生化机制需要跨域两种不同的细胞类型，特别是其特殊的"花环"结构大大增加了基因工程导入的难度，因而到目前为止尚无法真正有效提高 C_3 作物的光合效率。再者，由于该方法涉及转基因安全性问题，短期内也无法在农业生产中应用。因此，袁隆平院士（2011）认为，未来若希望进一步增产，如何从生理上突破光能利用率的调控非常关键。

实践证明，通过作物生理调控提高其光合效率是作物增产非常有效的手段。Li 等（2012）发现角果期适当浓度的 ABA 处理角果皮光合速率显著高于对照，其单株产量提高 20％以上。在油菜花期进行 BR 和 ABA 处理也可使促进光合效率，单产提高 15％以上（马霓等，2009）。许多非叶器官的光合调控均获得了让人意想不到的效果，产量增加远高于预期。随后的研究结果表明，这种增产可能与果实中的高效碳同化途径有关。而且随着光合途径研究的深入，人们发现 C_3 作物中存在 C_4 途径是一种普遍现象。目前，已经在大麦颖片、水稻外稃、大豆豆荚、小麦颖果皮以及无茎粟米草（*Mollugo nudicaulis*）等中均发现存在 C_4 或 $C_3 - C_4$ 中间型的碳同化途径。甚至在最典型的 C_3 植物烟草的茎和叶柄中也发现存在类似 C_4 途径的碳穿梭机制。Schuler 等（2016）认为，所有的 C_3 植物中存在 C_4 途径特性已毋庸置疑。在油菜上，大量证据表明其体内（特别是角果皮）存在 C_4 途径或 C_4 微循环。王春丽等（2014）认为，油菜角果皮光合性能显著优于叶片。Singal 等（1995）在油菜角果皮中发现了具有一定活性的 PEPC 酶的存在。张耀文等（2008）通过油菜角果光合日变化研究及其具有耐高温和耐高光强的特性推测油菜角果皮中可能存在 C_4 途径。李俊等也发现油菜角果皮中存在完整的 C_4 途径酶系。Hua 等（2012）通过分析油菜角果皮光合速率与含油量的关系也认为角果皮光合效率显著高于叶片，通过分析也认同角果皮中的 C_4 途径存在。Külahoglu 等（2014）认为非叶器官中存在 C_4 途径而有些植物的叶片中不存在是因为叶片在 C_4 进化中的进程相对较慢。油菜籽粒产量中 60％以上来自角果皮光合产物的转化和积累，因此激活或促进油菜角果皮中 C_4 途径的高效表达进而提高其光合效率，必将大幅度提高油菜产量。

研究表明，植物体内的生理环境特征对其体内不同碳同化途径的促进或抑制具有极其重要的影响作用。植物激素已被证明可以改变植物体内的碳同化途径平衡。Hibberd 等（2008）的研究结果也表明 C_3 植物和 C_4 植物在光合特征及碳同化特性上具有很大的可塑性。Mahmood 等（2006）研究发现 ABA 能够增加美洲狼尾草（*Pennisetum typhoides*）幼苗叶片中 C_4 途径酶活性，他们认为 ABA 激素处理很可能有利于 C_4 途径的运行。一些 C_3 植物中的 C_4 途径关键酶活性可以通过改变其体内生理生态条件得到提高。Agathokleous 等（2016）以青萍（*Lemna minor*）为材料的研究结果表明一定浓度的乙烯处理能够增加 C_4 初始产物在碳同化总产物中的比重，即促进 $C_3 - C_4$ 平衡向 C_4 途径倾斜。徐晓玲等（2001）研究表明小麦开花后 10d 进行热胁迫 3d 后各器官的 PEPC 酶活性明显提高。Melcher 等（2009）认为，改变影响羧化反应的相对表达或底物水平的因子，都可能会改变光合碳还原类型。Hibberd & Quick（2002）认为，其实可能许多 C_4 基因已经组织在了 C_3 植物的调节子上，只是需要适当条件的表达调控。因此，明确高效碳同化油菜的生理代谢特征及其调控机理，对于促进 C_3 作物中的 C_4 途径或 C_4 微循环通过调控得到最大限度发挥作用具有重要意义。

近年来，鉴于生理生化特征在 C_3 作物的 C_4 化研究中的重要性，其代谢生理特征的研究开始逐渐增多。受研究材料的限制，很难找到遗传背景相对应的 C_4、C_3 配对作物进行比较研究，研究结论往往带有局限性。因此，自 C_4 途径被发现以来，人们就开始尝试通过 C_3 植物与 C_4 植物种间杂交获得遗传背景相对一致的不同碳同化途径材料。Björkman 等（1969）首次开展了 C_4 植物 *Atriplex rosea* 与 C_3 植物 *A. prostrata* 及 *A. glabriuscula* 的种间杂交。Apel（1988）获得了 *Flaveria cronquistii*（C_3）与 *F. palmeri*（C_4）的种间杂种；Brown 等（1986）开展了 *Flaveria* 属内 C_3-C_4 中间型植物与 C_4 植物的杂交。但这些不同碳同化途径植物的种间杂种 F_1 代大多是不育的；而且即使获得了性状分离的 F_2 代杂种，也由于染色体异常以及配对问题等原因，无法形成群体而最终夭折。近年来，随着远缘杂交技术、高通量测序技术以及生物信息分析技术的发展，特别是转录组测序技术（RNA-Seq）的发展，这些问题都得到了很好解决。通过转录组比较分析，由 C_4 基因控制的分离性状可以很容易通过少量群体即被鉴别出来。RNA-Seq 的优点在于能够在单核苷酸水平对物种的整体转录活动进行检测，在分析转录本的结构和表达水平的同时，还能发现未知转录本和稀有转录本，提供最全面的转录组信息。目前这种比较转录组技术已经开始在 C_3 和 C_4 途径的代谢比较中得到广泛应用。Furumoto 等（2011）利用转录组测序技术开展了紫龙须属（Cleome）中不同碳同化途径物种的种间杂种成熟叶片中的 C_4 循环特征基因功能分析。Külahoglu 等（2014）利用转录组测序技研究了 *Gynandropsis gynandra*（C_4）和 *Tarenaya hassleriana*（C_3）杂交种中全展叶的叶肉细胞和维管束细胞特征。Bräutigam 等（2014）利用转录组测序技术研究了 *Megatyrsus maximus*（C_4）与 *Dichanthelium clandestinum*（C_3）的种间杂种第 3 片全展叶的 C_4 循环差异性基因分析。因此，转录组测序技术已经成为当前获取 C_4 途径代谢调控信息的一个极其重要的工具。

从以上分析也不难看出，采用不同碳同化途径物种间杂交的方法探究 C_4 途径生理代谢当前已经逐渐成为人们的首选，因为它往往会使人们在 C_4 途径的结构、功能和进化上获得新的认识。*Brassica gravinae* 是芸薹属中目前已知并确认的一种 C_3-C_4 中间型植物。因此，以特异性的 C_3-C_4 中间型 *B. gravinae* 为材料，利用甘蓝型油菜（*B. napus*）与 *B. gravinae* 的同属亲缘关系，通过杂交的方法获得不同光效基因型甘蓝型油菜（C_3，*B. napus*）与 *B. gravinae*（C_3-C_4）的杂交后代，然后与甘蓝型油菜回交，在回交后代中通过光合特征参数筛选高效碳同化途径植株和低效碳同化效率植株。并以不同效率碳同化途径回交后代及其亲本为材料，结合油菜的叶片和角果的光合差异性特点，通过分别对叶片和角果光合特征参数、碳同化初产物比例、内源激素、碳同化关键酶及其在细胞内的分布等在不同碳同化途径材料中的比较分析，研究碳同化途径转移后的变化规律，并通过对油菜角果皮中的 C_4 途径进行外源激素处理和环境调控，研究碳同化途径以及光合生理特征对外源调控的响应，探讨油菜高效碳同化的栽培调控模式，很可能是一种新的获得高效碳同化途径的方法。

第十三章 提高油菜光合作用的途径、配套栽培措施

油菜的产量高低和品质优劣，主要取决于光能资源的质量和油菜对光能利用率的大小。油菜对光能的利用率高，光合作用合成的有机物多，在籽粒中积累的油脂多，其产量就高；反之，产量就低。目前，在自然条件下栽培的作物，其光能利用率普遍不高。大量研究结果表明，作物一生中只有 $0.5\%\sim1.0\%$ 的太阳光能用于光合作用，而根据理论推算作物的光能利用率可以达到 $4\%\sim5\%$，如果生产上真的达到该数值，则作物的产量可成倍增长。稻永忍等（1983）对油菜群体生产过程中的能量转换进行剖析后发现，整个油菜生育期间投射到田间的太阳辐射，用于种子及油脂收获量的利用率仅为 0.16% 和 0.10%。

第一节 延长光合时间

延长光合时间就是延长单位土地面积上绿色植物进行光合作用的时间，可最大限度地利用光照时间，提高光能利用率，是合理利用光能的一项重要措施。延长光合时间的措施主要如下。

1. 延缓光合衰退 外源施用植物生长物质可有效延缓油菜光合衰退。植物生长物质在一定程度上可有效增加油菜生长后期叶绿素含量，提高光合衰退中 SOD、POD、CAT 等抗氧化保护酶活性，使叶片生理活性保持在较高的水平，尤其对延缓油菜中、下部叶片衰老，改善叶片光合能力，延缓油菜光合功能高值持续期，推迟进入光合功能速降期，保证生育后期形成较多的光合产物具有重要作用。目前，可延缓油菜叶片光合衰退的植物生长物质主要有脱落酸（ABA）、油菜素内酯（BR）、6-苄氨基腺嘌呤（6-BA）、烯效唑、氮肥和钙肥等。

2. 延长生育期 延长生育期要求前期早生快发，后期叶片不早衰，即适当延长作物的生育期。在不影响耕作制度的前提下，适当延长生育期能提高油菜产量。早期提前育苗移栽，栽后促早发，适期早种，培育壮苗，较早就有较大的光合面积；中后期加强田间管理防止旺长与早衰，能够有效延长生育时间，特别是延长有效叶的功能期和角果期的光合作用，促进有机物的积累以及角果的发育成熟，使油菜产量增加。

第二节　增加光合面积

油菜中光合作用面积主要指叶面积和角果皮面积。较大的叶面积和角果皮面积有利于吸收更多的光能，提高油菜群体光能利用率。增加油菜光合面积可通过合理密植和选育理想株型来实现。

1. 合理密植　适当的提高种植密度，能够大幅度提高油菜群体的 LAI 和光能利用率，有效改善光照强度、温度和湿度等光合条件，充分利用日光能和地力并能够发挥油菜的群体效应。目前亩产油菜籽 $150\sim200kg$ 的油菜田最大 LAI 以 $4\sim5$ 为宜。

2. 选育理想株型品种　油菜理想株型能增加种植密度和光合面积，此外，理想株型油菜具有耐肥不倒伏，充分利用光能，提高光能利用率的特征。目前，理想的油菜株型结构还没有定论，育种工作可以从以下方面考虑筛选理想的株型结构：①基础性状，如叶片、茎秆、根系等形态结构及亚细胞结构等；②株型性状，包括株高、分枝习性及角果等；③生理性状，是指影响光合速率及同化产物运转分配的生理因子，如叶绿素含量、光合速率等；④产量性状，包括单株角果数、每角粒数、千粒重和收获指数等；⑤其他特殊性状，如无花瓣性状，直立角性状，抗病抗逆性等。

第三节　改善光合作用条件

光、温、水、肥和 CO_2 对油菜单位叶面积的光合效率有显著的影响。适宜的外界条件下，油菜可保持较高的光合能力和旺盛的生长力。

光是光合反应的原动力，光照时间的长短、光质、光照强度的高低都可影响油菜光合速率。条件许可的地方可适当提高光照强度、补充人工光照。

温度主要是影响油菜光合作用相关酶活性，进而影响生化反应。在 $10\sim35℃$ 下油菜可正常进行光合作用，$20\sim25℃$ 时，光合强度最高。当日平均气温降至 $5℃$ 以下时，油菜便停止生长，$30℃$ 以上光合速率开始下降（李俊等，2011）。适时播种可保证油菜在适宜的温度下生长发育。

水肥是植物光合作用的原料，又是植物进行一切生命活动的必需条件。因此，科学适量、适时施用有机肥、化肥和微肥，适时、适量灌水，保证肥水供应，源源不断地满足油菜对水分和矿质元素的需求，是提高油菜光合生产效率的最主要和最有效的途径之一。

CO_2 是光合作用的主要原料。大气中的 CO_2 浓度是 0.03%，浓度提高到

0.1%，油菜产量可提高一倍左右，CO_2 浓度降低到 0.005%，则会出现"午休现象"。高浓度 CO_2 作为光合作用的底物参与碳同化循环，能抑制光呼吸，显著提高作物的光合速率。增施有机肥，控制行距和肥水，保证良好的通风均能有效提高油菜田间 CO_2 浓度。

第四节　提高光合效率

光是生物合成和叶绿体发育的必要条件，是光合作用的原动力，植物吸收光能的多少决定了光合能力的强弱。太阳能量仅有极少部分被植物吸收利用，大部分被植物叶片以折射或反射的形式进入大气中。油菜叶片和角果较低的光饱和点、CO_2 饱和点，较高的光补偿点和 CO_2 补偿点均造成油菜光合效率较低。晴天中午的光强往往超过油菜的光饱和点，引起光抑制现象，轻者光合速率暂时降低，过后尚能恢复；重者叶片发黄，光合活力不能恢复。选育高光效油菜品种能够是提高光能利用率的一条重要措施。研究表明，油菜不同品种间光合能力存在遗传差异，高光效品种具有较高的光饱和点和 CO_2 饱和点，较低的光补偿点和 CO_2 补偿点，群体光能利用率较高；适时灌溉或选用抗旱品种去避免或减轻光抑制。

第五节　人工光合调控

施用外源生长物质可有效提高油菜光合能力。外源植物生长物质在提高植物光合作用过程中发挥着重要的作用：提高叶片中叶绿素含量；增加气孔导度，提高叶片中 CO_2 浓度；提高羧化和磷酸化活性，促进电子链传递；提高蔗糖磷酸合成酶等光合酶的活性；减轻或延缓光抑制；促进同化产物的运输。目前，可提高油菜光合能力的物质有 ABA、BR（图 13-1）、6-BA、烯效唑、

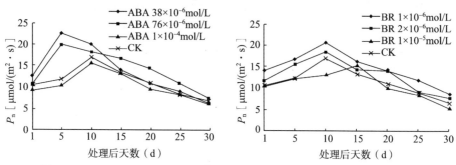

图 13-1　ABA 和 BR 处理对油菜短柄叶光合速率的影响（马霓等，2009）

亚硫酸氢钠等。湖南农业大学周可金等（2009）从光合及气体交换参数的角度研究有利于促进角果成熟和减少产量损失的化学催熟剂，对于我国油菜生产中的光合调控也具有一定的指导意义。

科学施肥，加强田间管理，适期播种，防治好草害、虫害，促进油菜生长健壮，也可提高油菜光合能力。

主 要 参 考 文 献

陈志雄，梁康迳，林文雄，等，2002.水稻耐光氧化反应特性的遗传规律［J］.福建农林大学学报（自然科学版），31（1）：1-4.

稻永忍，玖村敦彦，村田吉男，等，1981.关于油菜的物质生产的研究——角果的光合作用、呼吸作用及碳素代谢［J］.中国油料（3）：265-270.

稻永忍，玖村敦彦，村田吉男，1979.关于油菜的物质生产的研究［J］.日本作物学会纪事，48（2）：265-271.

付晓记，赵会杰，马培芳，等，2008.油菜素内酯对受涝牛膝叶片抗氧化代谢和光合作用的影响［J］.河北农业科学（9）：97-99.

龚双军，李国英，杨德松，等，2005.不同棉花品种苗期抗寒性及其生理指标测定［J］.中国棉花，32（3）：16-17.

胡会庆，刘安国，王维金，1998油菜光合速率日变化的初步研究［J］.华中农业大学学报，17（5）：430-433.

胡胜武，于澄宇，王绥璋，等，1999.甘蓝型油菜抗寒性的鉴定及相关性状研究［J］.中国油料作物学报，21（2）：33-35.

胡颂平，王正功，张琳，等，2007.干旱胁迫下水稻叶片光合速率与叶绿素含量的相关性及其基因定位［J］.中国生物化学与分子生物学报，23（11）：926-932.

胡正一，李茹，王义彰，1996.$NaHSO_3$对气孔与光合的影响［J］.安徽农业技术师范学院报，10（3）：18-19.

冷锁虎，夏建飞，胡志中，等，2002.油菜苗期叶片光合特性研究［J］.中国油料作物学报，24（4）：10-18.

冷锁虎，朱耕如，1992.油菜子粒干物质来源的研究［J］.作物学报（4）：250-257.

李宏伟，李滨，郑琪，等，2010.小麦幼苗从低光到强光适应过程中光合和抗氧化酶变化［J］.作物学报，36（3）：449-456.

李俊，张春雷，赵懿，等，2011.油菜短柄叶光合衰退及其对产量的影响［J］.中国油料作物学报，33（5）：464-469.

李玲，张春雷，张树杰，等，2011.渍水对冬油菜苗期生长及生理的影响［J］.中国油料作物学报，33（3）：247-252.

李卫芳，张明农，1997.油菜叶的结构及其光合特性［J］.安徽农业科学，25（3）：213-215.

李霞，焦德茂，戴传超，2005.转PEPC基因水稻对光氧化逆境的响应［J］.作物学报，31（4）：408-413.

刘后利，1985.油菜的遗传育种学［M］.上海：上海科学技术出版社.

陆晓民，陈勇，贡伟，等，2006. 油菜素内酯对毛豆幼苗生长及其抗渍性的影响［J］. 生物学杂志，23（3）：37-38.

马霓，刘丹，张春雷，等，2009. 植物生长调节剂对油菜生长及冻害后光合作用和产量的调控效应［J］. 作物学报，35（7）：1336-1343.

那青松，2006. C₃ 植物中 PEPCase 及其有关酶活性研究［D］. 北京：中国科学院研究生院.

欧志英，彭长连，林桂珠，2004. 超高产水稻培矮 64S/E32 及其亲本叶片的光氧化特性和遗传特点［J］. 作物学报，30（4）：308-314.

彭长连，林植芳，林桂珠，等，2006. 富含花色素苷的紫色稻叶片的抗光氧化作用［J］. 中国科学（C辑），36（3）：209-216.

秦学，曹翠玲，梁宗锁，2005. NaHSO₃ 对小麦生殖生长时期氮素代谢的影响［J］. 土壤通报，36；913-916.

王春丽，海江波，田建华，等，2014. 油菜终花后角果和叶片光合对籽粒产量和品质的影响［J］. 西北植物学报，34（8）：1620-1626.

王荣富，张云华，钱立生，等，2003. 超级杂交稻两优培九及其亲本的光氧化特性［J］. 应用生态学报，14（8）：1309-1312.

吴长艾，孟庆伟，邹琦，等，2003. 小麦不同品种叶片对光氧化胁迫响应的比较研究［J］. 作物学报，29（3）：339-344.

肖华贵，杨焕文，饶勇，等，2013. 甘蓝型油菜黄化突变体的叶绿体超微结构、气孔特征参数及光合特性［J］. 中国农业科学，46（4）：715-727.

许大全，2002. 光合作用效率［M］. 上海：上海科学技术出版社.

张桂茹，杜维广，满为群，等，2002. 高光效大豆品种豆荚解剖学特性［J］. 大豆科学，21（1）：14-17.

张辉，张文会，苗秀莲，等，2009. 外源脱落酸对苗期野生大豆抗盐能力的影响［J］. 大豆科学，28（5）：828-832.

张耀文，王竹云，李殿荣，等，2008. 甘蓝型油菜角果光合日变化特性的研究［J］. 西北农业学报，17（5）：174-180.

张宇文，张玉俊，王可珍，等，1996. 甘蓝型油菜生育后期叶片对产量的影响［J］. 中国油料，18（1）：42-43.

赵懿，2006. 油菜光合功能衰退研究［D］. 北京：中国农业科学院研究生院.

郑宝香，满为群，杜维广，等，2008. 高光效大豆光合速率与主要光合生理指标及农艺性状的关系［J］. 大豆科学，27（3）：397-401.

Agarwal S，Sairam R K，Srivastava G C，et al，2005. Changes in antioxidant enzymes activity and oxidative stress by abscisic acid and salicylic acid in wheat genotypes［J］. Biologia Plantarum，49；541-550.

Agathokleous E，Mouzaki-Paxinou AC，Saitanis C J，et al，2016. The first toxicological study of the antiozonant and research tool ethylene diurea（EDU）using a Lemna minor L

[J]. bioassay: Hints to its mode of action. Environ Pollut, 213: 996-1006.

Blanke M M and Lenz F, 1989. Fruit Photosynthesis [J]. Plant cell Environ, 12: 31-40.

Duffus CM, Rosie, 1973. Some enzyme activities associated with the chlorophyll containing layers of immature barley Pericarp [J]. Planta, 1: 14219-14226.

Fischer R A, Rees D, Sayre K D, et al, 1998. Wheat yield progress associated with higher stomatal conductance and photosynthetic rate, and cooler canopies [J]. Crop Sci, 38: 1467-1475.

Gammelvind L H, Schjoerring J K, Mogensen V O, et al, 1996. Photosynthesis in leaves and siliques of winter oilseed rape (Brassica napus L.) [J]. Plant and Soil, 186 (2): 227-236.

Guiamet J J, Schwartz E, Pichersky E, et al, 1991. Characterization of cytoplasmic and nuclear mutations affecting chlorophyll and the chlorophyll-binding protein during senescence in soybean [J]. Plant Physiol (96): 227-231.

Havaux M, Tardy F, 1997. Thermostability and photostability of photosystem II in leaves of the chlorina-$f2$ barley mutant deficient in light-harvesting chlorophyll a/b protein complexes [J]. Plant Physiol, 113: 913-923.

Hua W, Li R J, Zhan G M, et al, 2012. Maternal control of seed oil content in Brassica napus: the role of silique wall photosynthesis [J]. The Plant Journal, 69 (3): 432-444.

Imaizumi N, Samejima M, shihara K, 1997. Characteristics of photosynthetic carbon metabolism of spikelets in rice [J]. Photosynth Res, 52: 75-82.

Kang Y Y, Guo S R, Li J, et al, 2009. Effect of root applied 24-epibrassinolide on carbohydrate status and fermentative enzyme activities in cucumber (Cucumis sativus L.) seedlings under hypoxia [J]. Plant Growth Regulation, 57: 259-269.

Lardon A, Triboi-Blondel, 1995. Cold and freeze stress at flowering Effects on seed yields in winter rapeseed [J]. Field and Crops Research, 44: 95-101.

Luca D O, Stefano C, Michel H, et al, 2010. Enhanced photoprotection by protein-bound vs free xanthophyll pools: a comparative analysis of chlorophyll b and xanthophyll biosynthesis mutants [J]. Mol Plant, 3 (3): 576-593.

Mann C C, 1999. Genetic engineerings aim to soup up crop photosynthesis [J]. Science, 283: 314-316.

Marcin Rapacz, 2002. The effects of ABA and GA3 treatments on resistance to frost and high-light treatment in oilseed rape leaf discs [J]. Acta Physiologiae Plantarum, 24: 447-457.

Mayaba M, Beckett R P, Csintalan Z, et al, 2001. ABA increases the desiccation tolerance of photosynthesis in the Afromintane Understorey Moss Atrichun androgymum [J]. Annals of Botany, 88: 1093-1100.

Morrison MJ, Voldeng HD, Cober ER, 1999. Physiological changes from 58 years of genetic improvement of short-season soybean cultivars in Canada [J] . Agronomy Journal, 91: 685-689.

Reynolds MP, Delgado BMI, Gutiérrez-Rodríguez M, et al. 2000. Photosynthesis of wheat in a warm, irrigated environment I: Genetic diversity and crop productivity [J] . Field Crops Res. 66: 37-50

Robert BH, Daniel RK, 1983. Photosynthetic rate control in cotton [J] . Plant Physiol, 73: 658-661.

Singal HR, Talwar G, Dua A, et al. 1995. Pod photosynthesis and seed dark CO_2 fixation support oil synthesis in developing Brassica seeds [J] . J Biosci, 20 (1): 49-58.

Singh S P, Lal K B, Ram R S, et al. 1993. Photosynthetic efficiency and productivity of pigeonpea [J] . Indian J Pulses Rel, 6: 212-214.

图书在版编目（CIP）数据

油菜高光效生产生理与实践／李俊等著 . —北京：
中国农业出版社，2021.5
ISBN 978-7-109-28015-1

Ⅰ.①油… Ⅱ.①李… Ⅲ.①油菜—光合效率—研究
Ⅳ.①S565.4

中国版本图书馆 CIP 数据核字（2021）第 043020 号

油菜高光效生产生理与实践
YOUCAI GAOGUANGXIAO SHENGCHAN SHENGLI YU SHIJIAN

中国农业出版社出版
地址：北京市朝阳区麦子店街 18 号楼
邮编：100125
责任编辑：廖　宁
版式设计：王　晨　　责任校对：沙凯霖
印刷：北京大汉方圆数字文化传媒有限公司
版次：2021 年 5 月第 1 版
印次：2021 年 5 月北京第 1 次印刷
发行：新华书店北京发行所
开本：720mm×960mm　1/16
印张：10
字数：220 千字
定价：48.00 元